你要让你的
付出，配得上幸福

25 STORY

费色 著

NI YAO

RANG

NI DE

FU CHU

PEI DE SHANG

XING FU

新世界出版社
NEW WORLD PRESS

图书在版编目（CIP）数据

你要让你的付出，配得上幸福 / 霁色著. -- 北京：新世界出版社，2016.11

ISBN 978-7-5104-5955-9

Ⅰ.①你… Ⅱ.①霁… Ⅲ.①人生哲学－通俗读物 Ⅳ.① B821-49

中国版本图书馆CIP数据核字（2016）第221636号

你要让你的付出，配得上幸福

作　　者：	霁　色
责任编辑：	冀　晖
责任印制：	李一鸣　黄厚清
出版发行：	新世界出版社
社　　址：	北京西城区百万庄大街24号（100037）
发 行 部：	（010）6899 5968　　（010）6899 8705（传真）
总 编 室：	（010）6899 5424　　（010）6832 6679（传真）

http://www.nwp.cn
http://www.nwp.com.cn

版 权 部：	+8610 6899 6306
版权部电子信箱：	nwpcd@sina.com
印　　刷：	三河市南阳印刷有限公司
经　　销：	新华书店
开　　本：	880mm×1230mm　1/32
字　　数：	100千字　印张：8
版　　次：	2016年11月第1版　2016年11月第1次印刷
书　　号：	ISBN 978-7-5104-5955-9
定　　价：	35.00元

版权所有，侵权必究

凡购本社图书，如有缺页、倒页、脱页等印装错误，可随时退换。
客服电话：（010）6899 8638

目录
CONTENTS

你要让你的付出，配得上幸福

第一章　遇见你，用尽我一生的幸运

能够遇到生命中特定的人，一起走到时间尽头，是耗尽一生幸运也不一定能换到的。有幸携手而行，哪怕要在这条道路上披荆斩棘、历经等待，哪怕遇到彩虹之前先要迎来暴雨、等到对的人之前先要经历寂寞，哪怕牵肠挂肚、尽付此生，也都值得。

1. 如果爱，一切妖魔鬼怪都只是借口 / 3
2. 许你以最长情的告白 / 15
3. 我曾以为自己坚强无比，直到遇见你 / 25
4. 我们的爱，与浪漫无关 / 35
5. 幸福，是每天一起散散步 / 44

目录 CONTENTS

第二章 把回忆锁进琥珀,凝结成时光的秘密

柜子里的琥珀锁住的是时间的秘密,记忆里的琥珀中凝结的是内心深处最难割舍的经历。纵然人生不能携手同游,亦感念人曾倾心相随,哪怕我们终将错过最合适的那个人,有一段美好的回忆,终究是爱的馈赠。你,还记得那个人吗?

1. 谢谢你,教给我的一切 / 57
2. 爱情淡去,但爱还在 / 67
3. 我可能会忘记你,但不会忘记爱 / 76
4. 未曾发出的 365 封信 / 86
5. 那是一想起,就忍不住微笑的事 / 96

第三章 一辈子不长,有你就是好时光

人生短暂如同朝露,能有知己相随,换来朋友为伴,每一秒就都是最好的时光。尤其是年少纯然的年纪,你是否还记得那段记忆里与你形影相随的身影,和你一同挥霍青春的肆意少年?那都是埋藏在心里,关于爱的故事。

1. 你是我年少轻狂里,最美的回忆 / 107
2. 他们只是过路客 / 117
3. 你在或不在,距离都只有 0.1 毫米 / 127
4. 我们说好,要在时光里一起变老 / 136
5. 那些日子里,我们一起追过的男神 / 147

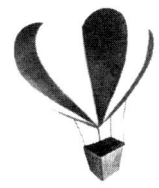

第四章　在他们的目光里,渐行渐远

　　小时候,他们的爱是攥着你小手的大手;长大了,他们的爱是搁着你手臂的港湾。时光给你带来了挺拔的身躯,却送给他们伛偻的背影,然后让他们亲手将你推开,看着你渐渐远行。不变的,是那个守候在遥远地方的身影,是为你牵挂的心肠。

1. 每一盏不灭的灯,都有自己守候的人 / 159
2. 白发如霜,覆在我心上 / 169
3. 累了吗?别怕,咱们回家 / 179
4. 最不后悔爱你,也最怕不够爱你 / 187
5. 爱,是一场背影渐远的修行 / 196

第五章　命运送我们一刹那的缘分

　　我们永远不会记得遇到多少陌生人,却总会有特殊的过路客,在一刹那的缘分中,与我们短暂交汇,留下深刻的印迹。也许你忘记了他们的容颜,但一定记得为他在你记忆里留下一席之地。这些散落天涯的朋友,你们还好吗?

1. 嘿,我很好,你们好吗? / 207
2. 不期而至的那封信 / 217
3. 他们不懂,那是你我的心照不宣 / 225
4. 愿你在的地方,也能四季如春 / 233
5. 关于我可能喜欢过你,并不是错觉 / 241

第一章
遇见你，用尽我一生的幸运

⋮

  能够遇到生命中特定的人，一起走到时间尽头，是耗尽一生幸运也不一定能换到的。有幸携手而行，哪怕要在这条道路上披荆斩棘、历经等待，哪怕遇到彩虹之前先要迎来暴雨、等到对的人之前先要经历寂寞，哪怕牵肠挂肚、尽付此生，也都值得。

你要让你的付出，
配得上幸福

1. 如果爱，一切妖魔鬼怪都只是借口

1

她对我而言有着不一样的意义。

别误会，这不是什么隐秘的不可言的情感，只是一种隐藏在心底的、难以表述的羡慕与憧憬。硬要形容的话，可能还带一点小小的嫉妒，大约就是"我想做而不敢做的事情，却被你做到了"吧！

大学的时候，第一次远离家乡来到一座陌生的城市，可能是年少轻狂，也许是勇气太多无处释放，我竟然没有一点畏惧与忐忑，心里全是新奇和摆脱枷锁的愉悦，唯一不适的，大概就是缺少一些朋友。在这样一个绝佳的时

刻,她出现了,不得不让我感慨命运——或者说是宿管老师的安排。以室友的身份,我们成为宿管老师红娘之手促成的又一对朋友。

彼时我们都前途未明,我未曾想过会在这座城市遇到那些日后影响自己生命的人,她也忐忑不安,不知道自己是否能如愿以偿。

"我来这里,也是为了一个人。"熟悉了之后,她——也就是谢雨,这样对我说起了她的秘密,她的愿望。

她所说的那个人,是小有名气的学长,高我们一年级,名叫齐思乾。听到这名字,我忍不住笑了:"他是不是还有个弟弟,叫齐思坤?"

"你怎么知道?"她想了想,也忍不住笑着摇了摇头,"别打岔,听我说。"

没办法,我只好耐着性子,准备听她跟思坤他哥的爱情故事。没想到,这故事和我想的并不一样,与爱情无关,显得纯情得多,也无趣得多。

应该说,在她的故事里,谢雨同学跟她的同窗齐思乾,有着这样的特殊关系——那就是没啥关系。在谢雨的眼中,齐思乾显然跟自己不是一路人。

"他那时候长得就很高了,笑起来一脸阳光,学习好,球也打得好,跟班里男生的关系也特别铁,是男生女生共同的'男神'。"谢雨一脸憧憬地说,"我呢,就是个学霸,心思只在学习上，跟我们班哪一个男生都说不上几句话。"

所以，一心扑在学习上的谢雨跟齐思乾不仅没有交集，也没有想要交集的心。作为女孩的早熟让她总以一种"众人皆醉我独醒"的态度看待同学，对女生们私下关注"男神"的行为，谢雨不仅有点不屑，也很不理解。

"那……是什么让你转变态度了呢？"我问。

"应该说，是金子总会发光的，齐思乾就是金子。"谢雨一本正经地说。

2

"有一次轮到我值日，扫地的时候正好经过齐思乾的身边，他当时正在专心地做题。你知道的，有人在的话扫地很麻烦，椅子不能挪动，也不能打扰到他。"谢雨回忆道。

于是，她当时就想让齐思乾先起身躲一躲，等她扫完再回来。没想到他一抬头，看到拿着扫把的谢雨，二话不说就站了起来，不仅站到一边，还顺便将自己的桌子抬了起来。

这样一个小小的细节，让谢雨一下子感动起来。虽然只是"举桌之劳"，可是别人又有谁想到了这一点呢？

莫名地，她脸有点红，赶紧扫完了，低声说了句："谢谢。"

"我都没好意思抬头，估计他也很诧异吧，不知道我突然犯了什么病。可是这样一个小动作，比别人夸他多少遍都有用，我一下子被圈粉了。"谢雨说起来，还满怀着少女心。

感情就是这样，有时候在别人眼中一个不起眼的小动作、一句稀松平常的话，就会给那个特定的人"会心一击"，让她溃不成军。

谢雨终于亲身了解了齐思乾能成为"男神"的原因，这绝不仅仅是因为他美好的皮相。"谦谦君子，温润如玉"，仿佛就是他的写照。

后来，谢雨主持了一次班里的活动。她借来了学校里的DV，给同学们买了蛋糕，装饰了屋子，一心想把活动做得最好。

"后来大家都玩疯了，场面一片混乱，男生女生追着互相扔蛋糕。桌子下面躲满了人，谁露面就要被抹一脸奶油。"谢雨想起来，就忍不住笑。

从某种意义上讲，活动很成功，促进大家交流感情的目的达到了，场面却也控制不住了。连办活动的同学都玩得很忘我，包括谢雨在内。

就在她躲在桌子下面的时候，突然看到场中间一个熟悉的高个子。齐思乾不知道在做什么，就站在大家避之不及的"战场"中，平时的好人缘在这一刻发挥了作用——谁都要来抹他一把，但是他却不闪不避，在拥来挤去的同学中张着双手，护着什么东西。

"他抱着的是什么呀？"谢雨心里嘀咕，"那个位置好像有点眼熟……"

这时候，她突然想起来了，那不是自己借来的录像机吗？这可是价值十几万的设备，自己还跟老师做了担保的！

这一想，她冷汗立刻冒了出来。大家都玩疯了，谁还记得那里杵着个"贵重易碎物品"呢？细长的三脚架可禁不住碰，摔出个好歹，大家可就没法交代了。

幸好，齐思乾还记得，虽然这本来不是他的责任。谢雨赶紧冲了过去，一边收三脚架，一边对齐思乾说："谢谢你，我……我刚才把这事忘了。"

沾了一身奶油的齐思乾低头，毫无芥蒂地笑了起来："没什么，我就是正好看到了而已。"

阳光洒在这张年轻的脸上，连细小的汗毛都能看得清清楚楚。谢雨突然怔住了，她发现自己从没仔细看过齐思乾，原来他的眼睛一笑就会变成弯月牙，脸颊上还有两个深深的梨涡……

"哎呀，认真的男人最有魅力，你是不是一下子就被击中了？"听到这里，我忍不住笑话了她一番，真是死鸭子嘴硬，这还不肯承认？

"真的没有，我发誓只是一种欣赏！"

我笑了笑，没说话。想必谢雨也知道，欣赏往往来源于认同、来源于喜爱,这种感情只需要一点催化剂,就很容易向着"爱情"的方向一去不返。

3

作为标准好孩子的谢雨和齐思乾,并没有像校园小说一样,顺理成章地发展出"早恋"的结果。事实上,在谢雨放下偏见后,他们虽然交集渐渐增多,甚至成为班里关系相当好的异性朋友和"学伴"——就是学习互助伙伴,但也仅止于此了。

"我做的最出格的事情,大概就是高考之后,打听了他报了哪一所学校。"谢雨说。

鬼使神差地,虽然她的成绩更好一些,她却和他一样选择了这所远离家乡的北国大学。是想要继续同窗的缘分,还是想发展出一些不一样的结果呢?谢雨没有说,因为不管是出于什么目的,她都没能达到。

这一点,在她没说的时候我就察觉了,谁让齐思乾已经成为了学长,谢雨却成了我的舍友呢?他如愿以偿地来到了这里,而她却意外落榜了。

落榜之后,谢雨失落了很久。父母失望的叹息,同学们同情的眼神,让她肩上压力深重。那些辗转反侧的深夜里,她不知道偷偷掉了多少眼泪。对未来的忐忑让她无心再去思考,那些还没来得及说的话到底是什么。

这时,一个有些陌生、很少联系的号码发来了一条短信。

"我认识的你,是个像阳光一样温暖而富有活力、让人钦佩的女孩。不管遇到什么,我都相信你可以。"

那一刻,一股由来不明的冲动和勇气,让谢雨一边掉眼泪,一边打下了这样的一句话:"我也相信自己可以。等着,我一定会去北方找你。"

"是齐思乾,我都不知道他有我的电话号码。"谢雨的眼中闪着光,对我说,"我也不知道自己怎么会突然下这样的决定、说这样的话。事实上,只要再过几分钟,我的选择就会完全不一样了。"

我相信,在谢雨的潜意识中一定知道,这是她最后的机会。如果放弃,只会有分道扬镳、渐行渐远的结局,是不甘心让她决定孤注一掷。

等了一会儿,谢雨的手机又亮了起来,只有简单的几个字:"好,我等你。"

这似乎是一个心照不宣的约定,隐藏着一份没说出口的告白。谢雨也不知道齐思乾到底是什么意思,但她还是坚定地说服了父母,放弃了调剂,选择了重修复读。

终于,她跟我一起站在了这里。

这让我忍不住想起《交响情人梦》中的野田妹。她是天才，拥有着无与伦比的钢琴才华，是被大师一眼相中的灵气四溢的女孩，哪怕邋遢的外表，也不能掩盖她的风华绝代。

这样一个女孩，梦想却是当一个幼稚园老师。她单纯地活在追梦的道路上，将名动世界的钢琴曲改编成属于自己的"屁屁体操"，做着别人眼里浪费天赋的事情。

可是，她总要遇到自己的千秋王子。"以前我想做幼稚园老师。现在，我想做千秋前辈的新娘。"为了追赶上前辈的步伐，她强迫自己成长。蜕变是痛苦的，野田妹在梦想与爱情中彷徨，永远赶在追逐的道路上，一不小心走错了，还会撞得头破血流。

有人说，千秋为什么不肯等等她呢？

因为在野田妹与千秋的世界里，爱不是妥协、不是等待，不是两个人互相放慢脚步，最终停滞不前。爱是前进，是冲破一切艰难险阻、打倒所有妖魔鬼怪，最终并肩前行。

既然你走得比我快，那我就尽可能快一点，再快一点，这不就好了吗？虽然有点累，但是想到未来可以一起看到更多的风景，还是忍不住想要微笑啊！

一切能让你放弃的原因，都只是借口。哪有那么多不可能？只因为你不够爱，才会放弃爱。

还好，谢雨没有放弃，所以她的人生轨迹又与齐思乾相交了。

4

听到谢雨说,她与齐思乾在复读期间几乎没有任何交流,甚至连短信联系都没有的时候,我简直惊呆了。

"好吧,刚觉得你是有点希望的,没想到……"我耸耸肩,"看样子你们不太有戏啊,你的思乾哥哥在这边可是享受着花花世界,一点都没想起你呢!"

好吧,事实上这句话说了没多久,我就被自己打脸了。没过几个月,谢雨就跟齐思乾出双入对,开始在我们这群单身狗面前秀起了恩爱。

"我才知道他也对我有点意思,刚好男未婚女未嫁,所以嘛……"说这话的时候,谢雨一脸的娇羞加嘚瑟,毕竟她可是如愿以偿,堪称人生赢家呀!

只是我们却有点担心,怎么看都是谢雨在单相思,一直追着人家跑。齐思乾到底是因为爱,还是因为同情,又或者仅仅是因为寂寞呢?除了那条暧昧不明的短信,他可从来没有过什么主动态度。

尤其是在他面临毕业的时候,我们担心的事情似乎就要发生了。

快要毕业的齐思乾选择了保送,一所帝都的顶级院校早早地向他敞开怀抱,这让我们忍不住感慨——学霸就是不一样!可是,谢雨却在这时候犯了难。

"我想去留学,已经准备好要考托福了。可是他却要在国内……"谢雨为难地说。

"你要有信心,不过是几年异地恋而已,你为了一句话,几千里都追来了,还怕到手的鸭子飞了吗?"我这样劝她。虽然我也知道,再浓烈的感情往往也敌不过时间与空间,面临着未来预计四五年的分离,谁也没有信心。

"算了,我也不去留学了。相比于前途,我更珍惜这份感情。"谢雨想了很久,勉强地笑着说,"再说,谁说不留学就没有好前途呢?"

我看着她难掩的失望,知道这也是她的无奈之举。她,大概心里也怕吧!

没想到,齐思乾不知道从哪里知道了这个消息,他约了谢雨出去。

"我当然知道了,之前你一直在背英语,现在突然不背了,难道我看不出来吗?"齐思乾有点生气地说,"你说过的,爱是让两个人越来越好,不是一味地迁就与妥协。今天你为了我放弃这次机会,以后难道不会后悔、不会怨愤吗?我们的感情不应该是你的负担,也不应该给你带来遗憾。"

谢雨听了,有点感动,却也有点无奈:"可是我怕离开太远,我们就回不去了。"

她想,是不是你不像我这么爱你,才会理所应当地这样想呢?

齐思乾却摇了摇头，认真地看着她说："我一直都相信你，你也要相信我。哪怕你走得再远，我也能赶上去。"

谢雨怎么会、怎么能不信他呢？一年之后，她准备好了出国的事宜，准备飞往更远的大洋彼岸。

我们都觉得，这女孩真傻，她就不怕齐思乾为了她的前途欺骗她、把她哄走吗？这一次，他们相隔的不再是数千公里的路途，不再是几天的火车，而是半个地球了，谢雨就算是化作女超人，也挡不住齐思乾变心的速度吧！

显然，我们并不如谢雨那么了解齐思乾。在她前往海外，度过了难熬的、孤单的适应期后，突然发给我一张照片。照片里，两张熟悉的脸凑在一起，笑得又甜蜜又虐狗。这熟悉的画风，让我忍不住恨得牙痒。

"齐思乾去看你了？"我说。

"嗯，来看我，以后他也会经常来看我的。"那边，谢雨的心情显然很好。

"得了，飞机票你出呀？看不出来，真是两个土豪。"我开玩笑说。

"不是，他申请了联合培养，也来美国了，就在另一个城市。"

看到这句话，我一下子愣住了。原来他并没有说谎，就算是半个地球，他也能追赶得上。

5

我不知道他们现在是否还在一起,至少在最后一次聊天中,两个人依旧在甜甜蜜蜜地装修自己的出租屋。这让我忍不住羡慕谢雨,她用自己的勇气和坚持写下了"人生赢家"四个字,而齐思乾也没有辜负她的爱。

他们的爱情,在披荆斩棘的道路上成长,一切妖魔鬼怪,都不可阻挡。

2. 许你以最长情的告白

1

"有人跟我表白了。"

听到这句话的时候,我并没有丝毫的意外,因为坐在我对面说话的那个女人,完全可以称得上是"魅力"的代名词。

二十五六岁的年纪,她既葆有年轻姑娘的朝气与青春,又有着黄毛丫头们没有的精致和优雅;既有刚踏入社会那可贵的傲气与自信,也有事业春风得意的游刃有余。总而言之,她是个熟得恰到好处的桃子,浑身上下散发出"快来摘我"的气味。

谁能想到，几年前她还是个平凡至极的丑小鸭呢？除了那比一般人更矮的个头，没有什么比别人更出挑。然而现在，她已经是说着一口流利英语、在跨国公司混得风生水起的气质美人了，这励志的事迹不知多少次被人提到过。

"有人跟你表白难道是一件意外的事情？"我笑着对她说。

"表白当然不意外，意外的是人，表白的人是徐萌啊！"边说着，美人边张牙舞爪夸张地比画起来，一下子破坏了原本美好的画面，暴露出了本性。

"原来是他啊……"其实，我并不感到十分意外，反而有种"终于来了"的感觉。

如果要说起来，这大概就是一个大灰狼把瘦弱的小兔子养成肥得溜光水滑、惹人垂涎的大白兔后，再一口吞下去的故事吧！既然有耐心陪伴猎物长大，又怎么会把它轻易让给别人呢？在他陪她成长的这些年里，早已用自己的行动表白过无数次了啊！

2

我眼前的姑娘顾明明提到的徐萌，虽然有一个萌萌哒又小女生的名字，却是个超过一米八绝对严肃靠谱的真汉子，性别不容怀疑。据顾明明说，他们之间的关系还真是复杂而又源远流长，也难怪她会对这家伙的表白感到十分意外了。

　　严格来讲，顾明明和徐萌本来应该算是青梅竹马。在不多的回忆里，两人之间有过一段铁一般的哥们儿时光，你看过我穿开裆裤，我看过你流鼻涕，还一起挖过蚯蚓、逮过蚂蚁。徐萌常常强调，自己现在这一笔狗趴似的字，全赖顾明明当时总跟他一起写作业所赐，导致他近墨者黑，为此徐萌的奶奶不知道念叨了顾明明多少回。当然，顾明明也毫不示弱，总是说自己到现在也比一般姑娘更黑的肤色，就是因为徐萌老拉她在夏天出去暴晒导致的。

　　嗯，总之就是两个互相坑害的家伙。

　　这样青梅竹马的伙伴，似乎我们小的时候都有那么一两个。从小嘲笑对方到大，曾经是最亲密的、可以忽略性别的关系，然后又在人生的道路上渐行渐远，让对方伴随着远去的时光成为回忆、成为多年后偶尔想起时会让自己微笑的人。幸运的，则会成为一辈子的朋友，或者水到渠成的恋人。

　　不过，顾明明的这段青梅竹马的关系显然不走寻常路，两人的友谊很快戛然而止，还没来得及培养多少记忆，就成了一对陌生人。

　　原来，顾明明的父母离婚了。在那个年代，离婚还是一件值得亲戚朋友念叨大半年、说出去令人惊异的事，"单亲家庭子女"是个特别的标签，往往能让人得到一些与众不同的待遇，比如学校的补助，又比如别人的同情或者流言蜚语。这给顾明明带来了极大的影响，虽然还是一身男孩气，却变得内敛、稳重起来，学会了将许多话藏在心里。

当然，她也因此失去了自己的朋友徐萌。徐萌的父亲与顾明明的父亲是铁杆儿发小，而她则跟着母亲生活，有些事情就不能像过去一样随便了。

"那时候遇到了很多的事情，几个月、半年没顾上联系，关系就自然断了。从那以后，我就没见过他，直到我爸爸去世。"顾明明曾经这样跟我说。

高中毕业时，顾明明一度杳无音讯，不仅在毕业典礼上缺席，聚会也很少见到她。后来大家才知道，她以一个能上重本的分数去了一所三流大学，虽然国际学校的名字好听，但是却掩盖不了她高考失利的事实。没有半个月，她的父亲也因为疾病去世了。

"虽然我爸妈离婚了，但是我每个星期都会去见我爸，我知道他其实很爱我，哪怕他后来再婚了，我也只会为他高兴，因为终于有人照顾他了。所以，这件事真的很让我难过……"哪怕后来说起，她的情绪也十分低落。

双重的打击让顾明明一蹶不振，就在这时，她在父亲的葬礼上又见到了徐萌。没有什么金风玉露一相逢的特殊感受，两个人甚至都没有认出对方。

不过，也许是不想看到老友的女儿这么难过，徐萌的爸爸特意叮嘱徐萌:"那是你顾叔叔的闺女,你们俩小时候不是玩得很好吗?你去好好劝劝她,你们同龄人说得来。"

就是这样一句话,让徐萌和顾明明又一次走近了对方。

3

凭我对顾明明的了解,以她稳重又谨慎的性格,其实很难和陌生男生轻松地交流,所以她的朋友圈也是一水儿的花木兰,没有什么男闺密。但是,谁让徐萌出现的时机那么特殊呢?

那时候的顾明明,正是最受打击、最自卑的时刻,学业的失利、父亲的去世,让她把自己藏进了黑屋子。可能是难以启齿,她没有把这些事说给任何一个朋友听,我们也就失去了安慰她的机会,但是这并不意味着,她不想对人倾诉。

而此时徐萌出现了,他知道顾明明所有不想启齿的事情,又与她的朋友圈毫无关系,两个人说是陌生人,却又有儿时一段单纯深厚的情谊存在。这种种因素,让徐萌成了顾明明交浅言深的对象。

"反正我最难为情的事情他都知道,难道还能更差吗?所以,我跟他说了很多压在心里的事情,甚至是那些我不敢告诉妈妈、怕她担心的事,都告诉了他。"顾明明有点儿不好意思,"有时候跟他打电话能打到半夜,我都觉得他应该挺烦我的，但是那时候就是特别依赖他。"

我心里嘀咕，哪里是那时候依赖他，你简直有了雏鸟情结，一直依赖到现在啊！

也许走出那段低谷，对顾明明来说就意味着重生，所以她对当时陪伴着自己的徐萌，有着她自己也不太清楚的依赖和信任。后来，不管做什么她都喜欢找徐萌倾诉，寻求他的帮助。

那个假期结束的时候，顾明明收到了一张徐萌寄来的明信片。印着雪域高原辽阔景色的明信片，从遥远的西藏寄过来，上面是徐萌不很优美却棱角分明的字迹："登顶雪山的时候，我突然想给你寄这张明信片，你看，世界这么大，困难的事情那么多，可是我们总能把它踩在脚下。你真的应该来看看。"

哪怕不是一个说走就走的文艺青年，顾明明也升起了浓浓的向往。第二年夏天，她也在西藏登上了雪山，并致力于在以后的人生中，像登雪山一样干脆地把所有困难踩在脚下。

"其实我很羡慕你，能遇到一个这么正能量的良师益友。"我觉得，徐萌就像顾明明生活中的一道光，给她指引了一条新的道路。

"是啊，他教会我怎么去生活。"顾明明笑着说。

在国际学校里学习的时候，顾明明遇到了很多困难。虽然是三流大学，幸而学费交得足，外教授课的水平还不错。这可苦了顾明明，学自己不喜欢的专业，听怎么也听不懂的英文，让她一次次忍不住在被窝里失声痛哭。

她问徐萌："我该怎么办？"

徐萌二话不说，给顾明明整理了自己学英语的各种资料、笔记，一有机会就跟她打电话——用英文，搞得顾明明十分无奈，常常一看到徐萌的来电就头疼不已。

英语过关了，交流却依旧是问题。外教们热衷于与同学聊天交流，可是顾明明偏偏有点自卑，又过分内敛，很怕去跟别人争抢机会。哪怕是竞聘一个小小的班级委员，她都不好意思去做，更何况在外教面前留下印象。一年下来，有些脸盲的外教还经常把顾明明跟别人搞混，记住她的名字都不容易。

"好吧，这时候就得我出场了。"徐萌想了想，出了个"馊主意"。

他把顾明明拉到了自己的假期实践项目中，美其名曰"免费帮忙"。项目需要寻找大量的体验者，如何厚脸皮地拉人成了问题，他偏偏把这个工作交给了顾明明。

半个月的时间，顾明明替他顶着太阳在大街上拉了许多体验者，除了混上一顿大餐外，一分兼职费没有，只有晒得更黑的肤色做礼物。一想到徐萌在商场的空调边吹了个够，甚至还因此感冒了一次，顾明明就气不打一处来。

"我这是为了锻炼你啊,你看,你现在是不是觉得交流是一件很容易的事情了?"

顾明明一想,好像……的确如此。要是现在站在外教面前,她能用堪比推销员的口才分分钟让他们记住自己班的这个"顾明明"。

再开学,顾明明果然变得游刃有余起来,还参与了外教组织的大型社团。她原本就有着出色的工作能力,稳重的性格让她能更好地完成工作,现在学会了展现自己,就很快获得了两个外教的赏识,最终拥有了去美国实习的工作机会。

4

我们中的大多数人在求学期间都拥有过外教,但是又有谁像顾明明一样能得到外教给予的机会和帮助呢?这固然有环境、机遇等因素,但是与顾明明自己的改变、努力也是分不开的。

而她永远也不会忘记,在自己蜕变的这些年里,背后默默支持着她的人。徐萌,这个既是良友又是老师的人,在顾明明心中的分量越来越重。

"我总感觉他比我成熟很多,如果我有一个哥哥的话,大概就是这样的吧!所以,我怎么也没想到他会向我表白。"顾明明说。

"我倒是觉得很正常。他为你做的事，哪怕一些身为男朋友的人也很难做到啊！说不定，人家早就把告白放在自己的行为上了，只是你没看出来而已。"我笑着说。

顾明明，难道你不知道这样一句话吗？陪伴，是最长情的告白啊！

"你说的话倒是跟他说的有点像，你们……不会提前串联了吧？"顾明明怀疑地看着我。

怎么会呢？我摇了摇头，这个傻丫头，她大概不知道自己现在有多么的优秀，作为一直陪伴在他身边的人，徐萌怎么会不动心呢？

果然，徐萌跟她表白的时候也十分郁闷："我以为你早就应该知道，我是喜欢你的。"

他不会说什么甜蜜的话，但是却会用行动告诉她——我喜欢你。也许一开始，这份感情只是一种欣赏，时日一久，不知何时就演变成了爱意。别人表白的话都是放在嘴上，他却默默地将其倾注到时光里。陪伴着自己喜欢的人一起成长，看着她渐渐蜕变成越来越耀眼的模样，大概就是这个人最甜蜜的告白了吧！

我们总会遇到这样一个人，不论男女，他可能不太浪漫，不够幽默，也没有倾倒别人的魅力。他是那么平凡，连一句"我爱你"的话都不怎么说，却把珍惜的心情放在平凡无聊的生活里。这份爱，也许是一顿亲手为你做的丰盛午餐,也许是你陷入低谷时小心安慰的话语,更可能是陪你看光阴逝去、流年飞散的那份耐心。陪伴你度过的那些时光里,到处都写着他的告白。

这样的告白,我们早晚都会收到。到时候,只要珍惜就好。

3. 我曾以为自己坚强无比,直到遇见你

1

"现在的女孩子啊,最大的特点就是越来越不像女孩了。"最近,我常常想起母亲的这句话。

她的语气并不是责怪,而是无奈又怜惜。我没法否认,在生活压力的逼迫下,在愈演愈烈的竞争下,女孩们好像都把软弱两个字抛弃了,变得比男孩更加坚强。谁要是因为一点挫折觉得沮丧了,哭了,想逃避了,必然有十个百个的朋友在旁边鼓励着,要她"站起来",再有几个恨铁不成钢的,要她将软弱的自己丢得远远的。报刊上、微博里,到处都是"女孩当自强"的鸡汤,搞得男女一点都不平等——好

像男儿泪是该流的,女孩流眼泪就是软弱似的。

所以,坚强似乎一下子成了女孩子们的必备物品,就像包里的口红一样,必须时刻带在身边,不然就好像丢了上战场的武器。

之所以会有这样的感慨,是因为有人告诉我:"其实,有资格软弱,在某种情况下反而是一种幸福。"

我很意外,因为我不觉得身边有谁比她更坚强了。她是会把女强人当做偶像,以把男人踩在脚下为志向的"女汉子",软弱的菟丝花一直都是她看不起的对象。这样的人,怎么会说出这种话呢?

说这话的人叫齐娜娜。她出生的时候,因为妈妈正疯狂地迷恋一本外国小说,就用女主角的名字给她命名了,所以就有了这个被我们嘲笑乡土气息浓厚的名字。跟这个听起来就十分"贤妻良母"的名字正好相反,娜娜的个性只能用坚强来形容。

她生在一个贫寒的家庭,从小就看着父母为了生计挣扎,所以格外早慧懂事,也格外敏感骄傲。不论做什么,她总要做到最好,班长要当,第一名也要争,从来不肯说半个"输"字。你看到的她,永远骄傲地昂着头,像一只战意十足的小公鸡,明明个头还不够大,却敢胆大包天地挑战强悍的敌人。

"我必须优秀,我没有选择的权利。"娜娜说这话的时候，眼睛里是不堪重负的疲惫。她没有退的资格，哪怕拼尽全力，也不一定能赶上别人的脚步。所以，只能用坚强武装自己，并一次次地告诉自己："我要坚强，我很喜欢变强大，我跟别的女孩不一样，我以此为傲。"

她更像是一只刺猬，没有人保护自己，只好抛弃了柔软的皮毛，换上一身尖锐的长刺，根根对外，把靠近的人全都扎得鲜血淋漓。可是，谁会喜欢刺猬呢？相比之下，还是软白可爱的兔子更受人欢迎，哪怕它们都是啮齿类动物。

2

因为好强，娜娜虽然非常优秀，却很少有男孩喜欢她。就像现实中，萌妹永远都比御姐更受欢迎一样，大概是她"女强人"的形象深入人心，大家会把她当成好伙伴、好朋友，当成可遇不可求的搭档甚至是女神，却不会把她当成爱慕的人。

"男朋友？齐娜娜需要男朋友吗？"每个人都觉得，娜娜有个男朋友的设定有些奇怪，因为很难想象她需要人照顾，就连她自己也这么认为。

"你这么想，只是因为你没有体会过被人照顾的感觉啊！"我有些心疼她。

现在，娜娜终于明白了我的这句话。

"当他刚跟我表白的时候,我感到特别意外,他怎么会跟我表白呢?"娜娜说,自己对现在的男朋友蔺风的第一印象,就是觉得他脑子出问题了。

"我们才认识一个月,当时我们一起做学校的项目,我们俩分别带了一组。你知道我的,一说到工作就特别严苛,而且忙起来可能会连洗澡都忘了,一点不会打扮自己,哪有什么魅力可言呢?"娜娜笑着说。

这样的疑惑,娜娜也毫不浪漫地、直白地对蔺风说了。像她这样不解风情、会问表白者"你怎么可能喜欢上我"的女孩,蔺风大概还是第一次见到,不由得一下子愣住了。

他想了半天,说:"我觉得你是个很好的人。"

后来他告诉娜娜,自己第一次动心,是几个项目组做活动的时候。一大早他们就起床,去提前搬运东西,桌椅、展板、活动物品……只要是重物,基本上都被男生包揽了,而女生则被照顾着拿些简单的小东西。

然而娜娜却不一样,她自己搬着沉重的桌子,上面还堆着大量的杂物,一步一步地挪到活动现场。不是没有人想帮她,可是她都拒绝了,因为她是组长,她要获得和男生一样的待遇跟尊重,就要做得比男生更好。这些事,她早就习惯了。

老远看到这个娇小的身影挪过来,蔺风感到非常意外。他很佩服这个倔强的女生,却又有莫名的心疼。他想,难道这姑娘不知道,会哭的孩子有糖吃,会撒娇的妹子有人疼吗?

后来他发现,这是一个把坚强当饭吃、独当一面的女汉子。她会在大家都疲累的时候,主动申请值班,哪怕自己工作的时间更长;会在遇到挫折的时候,安慰组里哭了的姑娘,自己却从来不掉眼泪。她做得比大多数男生更好,甚至让男生自卑、让他们下意识地将她从"女朋友"的选项划去。

她是个好人,很多人都知道她很好,但是并不是人人都会喜欢一个好人,而蔺风,就是特殊的那个。看得越多,他就越心疼这个姑娘,想要去保护她、照顾她。

3

不过,娜娜并没有接受他,因为她觉得自己还不需要男朋友。

男人,在她的世界里是可有可无的,用她的话说:"我宁愿异地恋,就当养一个电子宠物了,忙的时候也不会碍眼。"所以,哪怕蔺风是好意,她也只是诚恳地感谢,然后无情地拒绝。

"为什么又改变主意了呢?"我问。

"还不是那句话,有资格软弱是很幸福的,我可能从他这里体会到了这种感觉。"娜娜说。

虽然拒绝了蔺风,但是两个人的相处并没有问题,项目组的任务也在顺利进行。当然了,也会出一些小问题。

"有一次大家要开会,但是很不幸……我生理期到了。可能是以前不注意受凉了,每次都会特别疼,那天也是。"娜娜回忆道。

不过,这次的会议非常重要,作为组长的她不愿意给大家添麻烦,所以没有请假,而是自己撑着。因为她不愿告诉别人,谁也没发现她不舒服。

只有蔺风看出她脸色苍白,手还不时地捂着肚子。他疑惑地看了娜娜半天,转身出去了。

过了一会儿,娜娜突然感觉有人碰了碰自己的手臂,回头一看,是蔺风捧着个杯子站在后面。

"我从李宇那里偷拿了一袋红枣姜茶,你喝吧!"他小声说。

可惜,还是被眼尖的李宇一下子发现了,他开玩笑地嚷嚷着:"不对,你这是借花献佛啊,是不是……"说着,就挤了挤眼睛,大家都笑了起来。

笑完了,大家又反应过来,娜娜是不是病了呢?赶紧围上来问了问,一个姑娘似乎明白了什么,最后生拉硬拽地把她带回了宿舍。

临走的时候,娜娜忍不住看了一眼蔺风,看着那个微笑的男生，突然感到十分温暖。这还是第一次啊，从亲人之外的人那里得到贴心的照顾。

过去，她一直认为那些对病人的嘘寒问暖格外无用，难道你问两句别人的痛苦就会减轻吗？只不过是为了让自己心安而已。可是为什么轮到自己，就感到非常熨帖呢？

想到那个看出自己不适的蔺风，娜娜第一次有点心动的感觉。

两个人的交流，从这次起变得不一样了起来。

4

"后来，我们的项目结题了。我们是做得最好的，我评上了最佳组长，可是我很难过。"娜娜说道。

那次成功，却让她格外难过。并不是因为自己似乎有点喜欢的蔺风没有评上最佳组长，而是评选完后，她听到了两个男生无意的言语。

"我们组这次做得比你们强吧，我们组长也比你们厉害啊！"说这话的是娜娜小组的一个男生，他正在跟自己的同伴开玩笑地炫耀。

"你不知道吧，我听说我们组蔺风好像跟你们组长表白过，他俩关系不一般！蔺风做项目经验特别丰富，说不定你们组长没少找他帮忙呢！所以这是舍己为人，懂吗？"另一个男生说。

虽然是开玩笑,但是娜娜一下子愣住了。她知道,关系好的同学互相帮忙是很常见的,可是……明明是自己费尽心力做好的,没有找过任何人帮忙,就连不会、不懂的事情,也都熬夜地学了、做了,为什么还是会被别人轻易地抹杀自己的成果呢?

她开始想,如果自己真的和蔺风在一起,或者找了个男朋友,是不是自己所做的都会被认为是别人的帮助呢?这对一贯骄傲的娜娜来说,几乎是侮辱和诋毁。

她失魂落魄地走着,心里已经下了决心,以后要跟蔺风远一些,却突然被他喊住了。

"恭喜你啊,你真厉害。"蔺风从后面追上来,脸色因为奔跑而泛着红,眼睛亮闪闪的,高兴地看着她。

看到了自己迁怒的主正出现在眼前,娜娜突然觉得委屈全都冒了出来。她特别想让蔺风去跟别人说,她从来没有寻求过他的帮助,可是又知道自己没有资格这么要求。

看着娜娜意外低沉的情绪,蔺风一下子手足无措起来,关心地在她身边转来转去,一连问了好几遍:"怎么了?"最后,他扶着娜娜的肩膀,说道:"你到底怎么了,如果不高兴,你可以告诉我……"

娜娜突然忍不住哭了。她已经很久没有哭过了,从小时候被欺负后,被老师告诫"只有软弱的孩子才会哭"开始,她就渐渐学会了不掉眼泪。想哭的时候，就忍住。

可是看着这个"罪魁祸首"，娜娜突然忍不住哭了。她边哭边想，原来自己不是不会哭，只是因为没有想一个要对着哭的人而已。

她原本是一个为了骄傲从不肯低头的人，哪怕是喜欢极了一个人，也不会主动表白，现在因为蔺风而被误会、被蹉跎了骄傲，她本来应该毫不犹豫地疏远他、拒绝他……可是娜娜却突然变了个人似的，就在那天接受了他的表白。

"在可以卸下坚强的人面前，我突然发现，就算把骄傲放一放，也没有什么。"娜娜笑着说，"至于误会，我会用实力证明回来的。"

5

有了男朋友的娜娜，感觉像是进入了一个新世界。她突然明白了恋爱中的女人为什么会一秒钟变脸，因为那种被人关怀的感觉，真的还不赖。

在实验室工作到夜晚的时候，再也不用自己在路上担惊受怕，一边打着电话壮胆、一边飞快地往宿舍跑了，因为会有人来接；在食堂里吃饭的时候，不再有时间顺便背单词、听音乐了，因为和对面的人总有话要聊；周末放假，似乎有了更多出去玩的机会，终于开始流连于商场……

我们发现，娜娜开始变得柔软了，与普通的姑娘一样。她也会为了一些小事跟男朋友闹别扭，会大大方方地请他帮自己分担一些多余的工作，也会为了一个人别扭地表达关心。她开始学着低头，学着微笑，学着示弱了。

"你发现自己变成小女生了，是吗？"我笑着打趣道。

"对啊，就是那种我一直最不能理解的女生……"娜娜出神地说。她说，自己想到了不久前还吐槽的堂姐。她总是看不惯堂姐那家庭妇女似的生活，找一份不好不坏的工作，早早结婚照顾家庭，每天围着一亩三分地团团转，见她穿得最多的衣服是围裙……她突然发现，堂姐的生活方式，对她来说也很幸福。

"我发现，她不必承担那么多的压力，也不会有那么多的烦恼，有人为她遮风挡雨、为她撑起一片天，她只要做伞下那个微笑的人就可以了。这其实……也是幸福，不是吗？"

娜娜自己都不知道，虽然之前她并不赞同这样的生活方式，却还是有点羡慕的，因为别人遇到了那个可以让自己不必坚强的人。不过现在，她也遇到了。

有很多人并不是真的想无坚不摧，只不过有些事自己不做，就没有人可以帮忙。就像穷人的孩子早当家一样，缺爱的女生总是更坚强，这种坚强，也总是让人心疼的。

希望每个坚强的姑娘，都能遇到那个让自己丢盔卸甲的人。

4. 我们的爱，与浪漫无关

1

我身边的朋友们，每次谈起自己的男女朋友，就总是散发着一股恋爱的酸臭味。哪怕是平时最不把"浪漫"两个字放在心上的人，也好像突然掌握了甜言蜜语的技能，在这个恋爱的特殊时刻齐齐变了身。恋爱，会让一个人变得细腻多思、敏感至极，让最大方的女孩也会为了一条短信吃醋一天，让最粗心的男孩也会因为一个人变得柔软细心起来。

不过，这其中也有例外，比如我身边的这个姑娘徐亦佳，她的爱情故事是无论如何也无法跟浪漫沾边的。

这个和我一起长大的女孩，从我对她有记忆开始，就是一副对什么都毫不在乎、只把吃喝玩乐放在心上的模样，正事一点都不耽误，跟自己生活有关的事情却迷糊得不行，堪称脑子里缺根弦。

从简单的过生日说起，别的女孩哪个不是把自己的生日牢牢记在心上，顺带还要记上七八个好朋友的生日，要是谁忘了跟自己说"生日快乐"，心里肯定得难受好一阵子。徐亦佳倒好，自己的生日从来记不住，总是靠别人提醒才能想起，时间赶得及，就让老妈下一碗长寿面，这生日就算是过了。要是不小心错过，就更不用放在心上了。

她好像天生就没点亮"敏感"这个技能，哪怕是放出"恋爱"这个终极大招，徐亦佳还是丝毫没变。

2

"一个能在对方表白的时候跟人家约法三章的人，你能指望她怎么开窍呢？"她的朋友曾经这样打趣她。

哦，这件事我也记得。上了工科院校的徐亦佳，从女生环绕的氛围中一下子进入粗心的糙汉子群体里，却好像游鱼入海一样适应，用她的话说："感觉这才是我应该待的地方。"再也不会有人说她不解风情、不懂情调了，因为人人都是这样。

没想到，这也不妨碍她招来自己的桃花。陈晨飞，这么个沉默寡言的典型工科男,意外地跟徐亦佳表白了。

"没想到啊,我们都不知道有人在追你!"我拉着她,非要她说说是怎么回事。

"不是……我也不知道他在追我啊,我……"徐亦佳苦思冥想了半天,"我好像就是给他讲了几个题而已。"

是的,这俩人的相识非常"学院派",虽然是同系同学,可是我们脸盲的女主角根本对他没什么印象。直到期末考试前,几个同学组成了"学习互助小组"——实质上就是临时抱上学霸的大腿,她才认识了陈晨飞。

据陈晨飞说,徐亦佳这个被抱大腿的学霸,在给他们一众学渣讲题的时候,那雷厉风行的姿态、游刃有余的气质,还有格外爽朗的性格,让他眼前一亮。

"你确定不是你讲题时眼睛里的凶光震撼了他?"我想了想,觉得这样才比较符合真实情况。

"我也怀疑……"

总之,好像对学霸有着谜之追求的陈晨飞,就这么奇异地喜欢上了徐亦佳。因为讲题而喜欢一个人,这还真是难以理解的、完全不浪漫脑回路啊!更甚者,陈晨飞给自己定下的追求道路,就是——

不断地找机会让徐亦佳给自己讲题,将"学习互助小组"长长久久地延续下去。

就这样,在徐亦佳以为自己是在帮同学进步、陈晨飞以为自己是在约会的状态下,他突然开口表白了。

"你不觉得这有点突然吗?"徐亦佳完全不能接受这个突如其来、毫无预兆的关系转变。

"不会啊,我们已经互相了解很久了啊……"陈晨飞想了想,点了点头,自己明明已经跟她"约会"一个月了嘛!

我们本来觉得,徐亦佳一定会拒绝他,没想到她又一次让人意外了。这姑娘理智地考察了陈晨飞的各种优缺点,然后跟他约法三章,爽快地答应了他。

"我对他还是很有好感的,而且他也很优秀,懂得很多……"听了徐亦佳的这句话,我实在忍不住叹了口气,她这还是拿找搭档的态度来对待男朋友吧!

"你们居然连谈恋爱也写这么多条条款款,这真是……"我有点无奈,"从某种角度看,你俩还真是天生一对。"

一对同样缺少了浪漫细胞的家伙,好像……也没有别人比他们彼此更适合对方了,不是吗?

3

接受了这个事实后,我们都隐隐觉得,徐亦佳的这段恋情会比一般人长得多。哪怕,这两个人似乎都不是合格的恋人,却是最适合对方的恋人。

陈晨飞是个完全不会恋爱的男生，他不懂得所谓的"女朋友拒绝的事，其实就是口是心非""女朋友不理你，你就要去哄""千万不要劝她们多喝水"之类的种种"恋爱秘诀"。他懂得要把女朋友送到宿舍楼下，却会在下一秒毫不犹豫地转身离开，连"再见"都说得干脆利落，好像落荒而逃一样；他会在女朋友难受的时候，一遍遍无措地重复"那你盖上被子躺着，多喝热水……"在他眼里，这大概真是万能神药；他会忘记庆祝很多纪念日，甚至连恋爱一百天是哪一天都不记得……

这样的男生，女朋友一定会有点失望吧！

可惜，徐亦佳偏偏就是同样的人。

"纪念日？什么纪念日啊？"我还记得跟她提起恋爱一百天纪念的时候，徐亦佳的表情和语气。那分明是"老天，还有这样的日子"和"恋爱怎么这么麻烦"的意思，想了想，她摇了摇头，说："我不记得是几号了。我忘了给他送礼物，他不会生气吧？"

看来这姑娘完全把自己放在了男生的位置上，连送礼物都这么不主动。当然，她的顾虑显然是多余的。

"我觉得他也忘了这件事了，算了，你们俩高兴就好。"我想了想，对于双双忘了纪念日的这两个人来说，这件事还真不算什么。

于是，"忘了纪念日"这个在很多人眼里十分重大的恶劣行径，在这两个同样粗心大意、毫不浪漫的家伙身上，就这么轻描淡写地过去了。

"忘了纪念日有什么，我记得前几天我还忘了他的生日呢！"徐亦佳毫不犹豫地把自己卖了。

"忘了男朋友的生日？"我简直不能想象，遇到这种事，哪怕是男生也会有点不高兴吧？

"对啊……其实我提前几天就买好生日礼物了，我可不是不重视啊！不过他过生日那天我太忙了，就把这事给忘了。"

很好，这就是一个买了生日礼物，却在当天连句"生日快乐"都忘了说的家伙。

"那他没生气吧？"我很好奇。

"没有！我实在是太幸运了，因为他也把生日忘了，还是别人提醒，他才想到的。"

按徐亦佳的话说，陈晨飞知道自己过生日后，就开心地吃了一碗泡面，当做长寿面了。然后……当然没有然后，这就是他的生日。所以收到迟来的礼物的时候，他还特别高兴呢！

"我想我终于明白了，什么叫人生观不一样，没法谈恋爱……"我小声嘀咕道。

其实，虽然这两个人毫不懂得浪漫的法则，甚至对对方、对自己都相当粗心，但是谁能说他们不幸福、不合拍呢？如果是和别人在一起，恐怕两个家伙早就被甩了一千次还不知道是为什么！可是幸运的是，他们遇到的是最适合自己的那个人。

我们的一生总会遇到形形色色的男女，为什么有的人可以成为朋友，有的人却从第一眼就觉得不对盘？为什么有的人可以跟我们相伴一生、荣辱与共，有的人却只能争吵打闹、渐行渐远？究其原因，只能用适合与否来解释。

有句俗话是"什么锅配什么盖"，看来是很有道理的。如同徐亦佳，这么个风里来雨里去、心大得不像女生的姑娘，就像平凡家庭里不可或缺的一盏粗瓷茶碗，她不精致，但却很实用。如果非要给她配上一把处处完美的玉茶壶，只会把粗瓷碗衬得极不相配，与其追求完美，不如追求适合，一把粗瓷茶壶才是最佳选择。

能够遇到那个最适合自己的人，实在是一种幸运。这时候，我们还有什么资格说他们"不够浪漫"？这份爱本身，就已经足够浪漫了。

4

从徐亦佳的话里，我能够拼凑出这两人不太一样的爱情故事。

他们有类似的爱好，都喜欢拼模型、做手工。周末的时候,两个人常常约在一起,寻找一个僻静的角落,一待就是一下午。

是在约会?我想应该是的吧,只不过这约会的重点却让人有点哭笑不得。每次,他们不是拿着一堆模型一起去拼,就是讨论刚从网上淘来的新鲜玩意该怎么玩。在这时候,他们就像两个长不大的孩子一样,兴致勃勃又十足专注。

他们在用跟朋友相处的方式,经营自己的感情。所以,多了一些朋友间的心照不宣与宽容,少了一点情侣才有的小别扭与小心思,但是看起来却格外的和谐。

"你会不会觉得我很不浪漫?"陈晨飞有时候也觉得自己有些"过分"了,宿舍里的哥们如何费尽心思地讨好女朋友,怎么每天送早饭、晚上说晚安、女朋友生气还要劝,他都看在眼里。而自己的恋情,怎么好像一下子进入了老夫老妻阶段,跟这些毫无关系了呢?

"不会啊!反正我也不浪漫。"徐亦佳笑了,"这样正好,也就只有你能忍受我,只有我能忍得了你。"

他们也不是没有搞过浪漫,不过两个人都觉得有些不适应就是了。陈晨飞第一次送给徐亦佳的玫瑰花,连一天都没过,转眼就让她就摘下来晒干成了花瓣,然后泡了茶。

"看着花败了多浪费,还不如趁新鲜赶紧利用起来,这可是好几百大元呢!"她这时候倒精明起来了,仔细地算着账。

徐亦佳精挑细选的浪漫礼物，还没付款呢，就被发现的陈晨飞阻拦了下来。

"别买这个，又没用，挺浪费的。"陈晨飞想了想，"非要给我买礼物的话，就让我自己选吧。"

对于这个提议，徐亦佳欣然同意："选礼物最麻烦了，那你自己来吧！"

于是，原本应该是浪漫的神秘礼物，很快变成了你挑我付钱的流程，两个人还乐在其中。

你说这是不爱才会这样？可是，她作为礼物送给他的包，几年后还被他珍惜地背在肩上，划坏一道口子都让他心疼；他第一次送她的杯子，被她珍而重之地藏在书架最里面，只有偶尔才会拿出来用，每次还要欣赏半天。

这两个完全不会谈恋爱的人，把几年间细水长流的平凡感情，经营得让大多数人羡慕。也许未来的某一天，他们也会分开，但是这份回忆却一定是能让人会心一笑，而不是避之不及的。

有些人，只是不爱把浪漫说出口，却会把感情藏在心里。这样的情感，难道不也一样值得珍重、值得歆羡吗？

5. 幸福，是每天一起散散步

1

晚上六点半，我又一次遇到了他们。这已经是这个星期的第三次了。

"于老师好，师母好！"躲不开，只好凑过去老老实实地打了个招呼。不出所料，又被老师逮住教育了一番。

把我的实验进度从头到尾仔细问清楚后，老师偕着师母扬长而去，只留下一句"明天早上去我办公室等我"。我知道，明天少不了要挨训了，谁让自己最近偷懒了呢？

不过，他们走得还不远，我还仿佛听到了师母连劝带埋怨的话："……你对孩子们好一点，每次都布置那么多工作……"

有个师母救场，就是幸福啊！

我的导师于先生，是这所年轻的学校中元老级的人物，可以说是我们院系的"开山祖师"，一手将院系拉扯成了气候。他行事总有些雷厉风行、讲求效率，不管是跟他合作项目的老师，还是他带的学生，都或多或少有点怕于先生。我可是见识过于老师发威的样子，如果让他发现了项目有什么问题，他就会毫不客气地一叉腰，摆出个茶壶似的姿势，冲着周围人无差别"开炮"。

啧，真是尸横满地，哀鸿遍野啊！

跟于先生在学术上的地位和成绩不成正比的，就是他的外形和气质了。一说大学里的老教授，谁脑海中的形象不是儒雅端方、气质绝佳？偏偏我的这位导师，一向不修边幅，头发永远乱糟糟的，万年不变地穿着工装外套搭配旅游鞋，一张口就是一股村味十足的普通话，怎么看怎么像学校里请来修缮教学楼的老大爷。

这样的一个人，却有一个温柔优雅的妻子，即便现在已经成了"小老太太"，也能看出年轻时候的风采翩然。她怎么会看上我的导师呢？

这在我心里，曾经一直是个谜。

2

"我这几天总是遇到于老师和师母,他俩怎么天天在学校里闲逛啊?"拉着师姐,我好奇地八卦起来。

师姐是于老师的老乡,知道得自然比我多:"老师跟师母那多恩爱啊,他俩每天吃完饭都会一起在学校里散步。你以前一直没有在这个时间来办公楼,就没遇到过他们,我可是遇到了快三年,早就习以为常了。"

我想,我大概知道师姐的课题总是做得最快的秘诀了,有于老师天天鞭策,躲都躲不开啊!

从师姐那里,我知道了不少关于于老师的"八卦"。

在于老师还是于盛同学的时候,"大学生"三个字还是含金量十足、十分稀罕的。出生在农村家庭的他,父母都是大字不识的农民,培养出这么一个学问人,是令十里八乡都很羡慕的事情。他原本也因此而骄傲,可是进入了大学,就发现不是那么回事了。

大家都是一样的身份,不会有人因为于老师是大学生而高看他一眼。相反,跟那些城里的同学比起来,于老师土气的打扮、一口浓重乡音的普通话,都让他显得那么不出众。久而久之,于老师的锐气消磨了,开始有点茫然、自卑起来。

好在,于老师的导师看出了问题,他发现自己的学生越来越没有自信,就经常请他到家里吃饭,跟他讨论问题、鼓励他，给他做思想工作。在这里，于老师不仅感受到了师长的关怀，还认识了老师的女儿，我如今的师母——何丹丹。

在师范院校读书的何丹丹文静优雅，浑身带着一股书卷味，一看就是书香门第出身的女孩，足以吸引大多数同龄人的目光。她入学早，虽然比于老师年纪小，却是他的师姐。看到父母这么照顾这个师弟，何丹丹对于老师也非常热情，知道他英语学得不好，还找出了自己用的英语书、磁带等珍贵的资料，交给他学习。

于老师拿到资料后，一下子就脸红了。如果放在现在的话，他一定会明白，自己是遇到"女神"了。

"我听我爸跟我说，那几年放假回家，于老师天天在家里对着磁带机嘀嘀咕咕，学英语学得特别刻苦，我爷爷不知道因此教育了我爸多少回！现在知道了，于老师这是为了追女朋友啊！"师姐一脸的坏笑，好像看破了于老师严肃外表下的内心。

当时的于老师有没有这么想，我们就不知道了。不过，老师跟师母之间的关系越来越好却是不争的事实，放假回家，于老师会给导师带一些家乡的特产，还会专门给师母捎一些集上的有趣玩意。每到周末，师母也会在家给于老师讲讲题、帮他看看英语，两个人相处得很不错。

"你说，当时咱们师母有没有看上老师啊？"师姐小声地说，"要不怎么这么热心呢？"

"我觉得不一定。"我摇了摇头,"你怎么知道老师说的是不是实话呢?万一他是美化了师母对他的态度怎么办?"

师母年轻的时候简直是女神级别的人物,怎么会这么轻易地看上老师这个傻小子呢?与其说是看上他,倒不如说是对师弟的帮助。不过,于老师显然是喜欢上这个师姐了。

还是傻小子的于老师常常骑车去师范学院找师母,美其名曰"代替老师来给她送点东西"。师范院校与于老师的母校在城市的两边,每次他都要骑上大半天的自行车,跨越一个城市来看她,有时只为送些水果而已。

"以后不用麻烦你这么跑了,学校里这些东西都能买得到。"师母非常不好意思。

"没事,不麻烦……"于老师手足无措地扶着自行车,阳光下晒黑了不少的皮肤,悄悄地泛红了。

后来,师母还常常跟我们说:"你们老师实在是很有心机。回回来给我送东西,我回家一问我爸爸,他们根本不知道这回事!原来都是他自己买了送来的。"

时间久了,连师母的舍友都知道有"于盛"这个人,她们私下一合计,觉得这肯定是在追师母呢!一个室友对师母说:"这可真是个傻小子,就知道送东西,都不问问你喜欢什么。"

"对啊,送就送吧,还不告诉你是他买的,这不是白费力吗?"另一个也凑上来开玩笑。

师母思来想去，才恍然发觉，这个不声不响的傻小子是向自己献殷勤呢！不过，她好像并不反感，还觉得有点高兴……

就这样，于老师还是骑着自行车一次次穿越着这个城市，几乎把城市里所有的路都走熟了，让师范学院一大半的人都知道有人在追何丹丹，却还是没跟师母表白。

"老师年轻的时候，这么胆小啊……"我忍不住摇了摇头，严肃正经地感慨道。

为了不被人拒绝，英明神武的于老师硬是一次都没开口，说出自己的喜欢。后来，还是师母忍无可忍，在一个夏天的晚上拽住了于老师的自行车，大胆地问道："于盛，你是不是喜欢我啊？"

"你猜于老师是怎么说的呢？听师母说，他好像回过头，骑上车子就跑了，跟后面有狗追他一样！气得师母回去哭了一晚上。"师姐毫无同情心地笑了起来。

总之，最后还是师母先表白，两个人才终于在一起了。为了这件事，师母不知道埋怨了多少次："明明是你先追的我……"

3

"没想到，老师在感情上这么木讷，还是能和师母在一起。"师姐临走的时候,用一种"天上掉馅饼"的语气,给于老师的感情生活做出了评价。

可能,师母就是喜欢于老师这样木讷又认真的人呢?有这么一个认真喜欢自己的傻小子,愿意把一腔感情和一颗真心献给自己,哪怕是再优秀、追求者再多的女孩,也会心动吧!

师母,可不仅仅是心动而已,更是回报了同样郑重的情谊。这样的感情,在现在似乎越来越可遇不可求了。

因为于老师在感情上非常传统、木讷,一直没有让师母体会过什么浪漫。追她的时候是这样,只会一次次买东西、送上门,却一次都没敢邀请师母去约会,恋爱的时候更是如此。

"别人都带着女朋友去看电影,吃完饭在湖边散步,只有我们俩,是在实验室值班、一块学习、骑车满街逛。"师母以前说起来,还很怨念似的,"就看了一场电影,中途他还睡着了。"

想一想,好像的确很委屈啊!真应了那句话,这样的感情就是"我喜欢你,和我一起共建中国特色社会主义吧",毫无浪漫可言。

于老师也感受到了师母的"怨念",跟师母承诺说:"等我有时间,一定陪你去看电影,每天跟你在湖边散步。"

他说这句话的时候,已经临近毕业、即将工作了。于老师没有想到,未来的几年自己会越来越忙,这句话也拖了很久都没有实现。

他备受导师器重,在实验室里承担了几年主要工作,又被拉到这所当时刚建起不久的大学,承担起将一个院系从无到有建起来的重责。每天,于老师都忙得团团转,一个大学教授,还要经常跟别人喝酒吃饭、应酬到很晚才能回家,只为了能给学校联系到更好的合作单位。

师母也跟他一起来了。学校当时的位置很偏僻,周围还不像现在这样繁华,是郊区中的郊区,几乎出门就是果园,教学楼后就是田地。师母住在简陋的家属楼里,有时候连自来水都用不上,还要去压水井里的水喝。于老师心疼她受这样的苦,多少次劝她回城里住几年,周末他会去看她。

师母拒绝了,说:"你能吃苦,我怎么不能呢?这里挺好的。"

她在附近的中学找到了工作,就这样扎根在了这里,还学会了在楼后的花园里种菜、养鸡,越来越像一个家庭妇女。那些看电影、在湖边散步的诺言,好像都被两个人忘记了。

我想起师姐跟我说过的:"后来咱们老师犯过一次严重的胃炎,在医院里躺了快两个月,师母跟他大吵了一架。"

因为忙碌又不注意身体,于老师常常忘了吃饭,或者没有时间就匆匆应付两口。师母每次问他,他都说自己在学校食堂吃了,结果日积月累,就犯了急性胃炎。

在医院里躺着的时候,事情终于暴露了。师母气势汹汹地杀到病床前,狠狠地骂了于老师一顿,过了半晌,心酸地说:"咱们又不是没有学历、没有能力,在哪个学校教书不是教啊?要不,就回去吧?"

这是她第一次提出这个要求,可是于老师舍不得自己一手建立的学院,还是拒绝了。后来,于老师再出院,师母突然就变了。

她原来从不在意老师有没有时间陪自己,现在却每天都要老师陪她散步、跟她一起吃饭,美其名曰:"这是你以前承诺的,不能说话不算话。"在家里,她也不爱做饭了,反而把不少家务都丢给了于老师。

于老师倒是欣然接受,他怎么会看不出来呢?师母千方百计地把他留在家里,就是想让他多歇一会儿,让他陪自己吃饭、散步,也是为了监督他注意自己的身体。

这一散步,就是二十多年。

4

后来我才知道,"散步的于老师夫妻"一直是院系学长学姐们眼中的经典风景,堪称我院一大奇观。前几届有个学长,甚至冒着被于老师每天训一顿的危险,天天吃晚饭来"偶遇",并把他们两个当作自己的恋爱学习目标——当然,他到现在还没有女朋友。

于老师和师母的感情,自始至终都不够轰轰烈烈,他甚至连一次电影都没陪她看全过,更没有给她送过花、请她吃过什么昂贵的美食。他们在柴米油盐中浸泡了二十多年,与旁人唯一的不同,就是那几十年如一日在学校花园里缓缓行走的记忆。每天的散步,就是在书写于老师夫妻两人的爱情故事。

只要有爱,哪怕平凡无奇的生活,在你的眼中也会斑斓多彩。

第二章
把回忆锁进琥珀,凝结成时光的秘密

⋮

柜子里的琥珀锁住的是时间的秘密,记忆里的琥珀中凝结的是内心深处最难割舍的经历。纵然人生不能携手同游,亦感念人曾倾心相随,哪怕我们终将错过最合适的那个人,有一段美好的回忆,终究是爱的馈赠。你,还记得那个人吗?

你要让你的付出,
配得上幸福

1. 谢谢你，教给我的一切

1

还记得在学校读书的时候，我曾经迫切地想要独立，就在校门口全天营业的连锁快餐店找到一份兼职。

每天晚上6点到10点，是我最常分到的上岗时间。听全职的姐姐说，来兼职的学生大多数都是这个时段，既照顾了我们的学习时间，也方便他们换班回家。

只有一个人例外。那是一个叫刘阳的学姐，她常常来接我的班，从晚上10点一直值班到凌晨4点，然后在快餐店的一角和衣而睡，第二天直接去上课。夜里的岗位，给的钱总是比较丰厚的。

我才知道,她的父母都因为急性传染病去世了,家里只剩下年迈的爷爷。所以,她比一般人更需要钱,虽然学校已经给了她最大的帮助,她还是到处找机会打工赚钱。

"我不能只看现在,将来还有更多要用钱的时候,所以我从来不嫌钱多。"刘阳曾经这样跟我说。

很多人都认为,这样一个过早在生活中挣扎的女孩,一定总是格外成熟,时刻挂着挥之不去的愁苦,俭省得吓人、常带着自卑。刘阳却不是这样,她开朗大方,永远乐观,从不苛待自己,也十分优秀,像每个青春年少的女孩一样充满魅力。

所以,那一次跟她交接班的时候,看到她身边那个高大的男生,我是一点都不意外的。

"呀,学姐找男朋友了!"我故作大惊小怪地说,冲着她挤眉弄眼,换来了她拍在我肩膀上毫不羞涩的一巴掌。

嘁,学姐就是学姐,找了男朋友也一样可怕。

临走前,我忍不住回头看了看那个陪着学姐值班、坐在窗边的男生,他是个什么样的人呢?

2

第二天,我就知道了,不管他是谁,他一定是个任性的家伙。

这天换班的时候，我并没有看到那个高大的身影，疑惑地问刘阳："你男朋友怎么没来啊？"

刘阳无奈地撇了撇嘴角，说："别提了，吵架了。"

我一听，急忙问道："昨天不是挺好的，怎么吵架了呢？"

原来，问题就出在昨天。刘阳的男朋友叫翟东，他们在成为情侣之前就认识了很久，是关系不错的朋友。也许是日久生情，感情不知什么时候变了味，两个人就顺理成章在一起了。

可在一起后，有些事却不像做朋友时那么简单。翟东发现自己的女朋友总是很忙，就连晚上也常常出去打工。他并没有什么微词，反而十分心疼，既骄傲他喜欢的女生这么坚强独立、优秀而与众不同，又觉得她不必这么忙碌。

所以，他一直有些话想对刘阳说。得知她又要去值夜班，翟东主动跟了上来，说："上次你就没告诉我，这次我一定要陪你去，不然我不放心。"

刘阳觉得，两个人第二天早上都没课，可以好好休息，自己一个人看店也的确有点无聊，就答应了。

翟东是优渥家境下长大的孩子，别说值夜这样的工作，就连其他的普通兼职也从没有做过，这还是第一次体会到工作的苦。他忍了又忍，还是忍不住说出了自己的心里话："刘阳，我看着你这么忙，心里很难受。其实，你的情况我都告诉我爸妈了,他们也特别心疼你,如果你愿意,他们可以资助你生活费的,你不用这么辛苦。"

"你爸妈给我钱?"刘阳非常意外,却还是坚定地摇了摇头,"不行,我不能要。"

她想,如果她要了这笔钱,在翟东面前就再也抬不起头来了。

没想到翟东也想到了这一点,反而劝她说:"你不用担心这笔钱会影响咱俩的关系,该怎样还是怎样,哪怕我们分手了也没关系,就当是借给你的怎么样?"

刘阳想,这在很多人眼里,一定是很好的机会吧!可以从打工的噩梦中解脱出来,虽然不至于从此高枕无忧,但是也会轻松很多,可是⋯⋯

她抬起头,认认真真地看着翟东,说:"翟东,是你劝你爸爸妈妈给我钱的吗?那是他们的钱,不是你的啊!连你自己都在花着父母的钱,怎么能为了你的女朋友,再去跟他们要钱呢?我不能接受你的提议。"

"可是,他们的不就是我的吗?就当是我给你的⋯⋯"

"不,你没有意识到吗?你早就长大了啊,你的父母并不欠你什么。"

她想了想,又说:"其实,我不打工也不是没法读书、生活,学校的补助和奖学金、我爸妈留下的钱,足够我读完大学。可是,那都不是我赚来的,那都不是我的。我拼命赚钱,只是想拥有能够自立的本钱,让我能靠自己的力量活着,如此而已。如果拿了你的钱,不就跟我的想法背道而驰了吗?"

翟东没有想到刘阳会说出这样的话,他感到非常意外,有点无法理解。为什么白给的钱她都不肯要,非要这么拼命地工作呢?他劝了又劝,最后生气地走了。

"我是不是很固执,辜负了他的一番好意?"刘阳无奈又遗憾地摇了摇头,"可是我真的不能答应……"

我懂她的意思,对一个拼命想自立的女孩来说,这笔钱并不是雪中送炭,只会让她更加难受。就像一个一无所有的渔民,所有的努力都是为了换一艘渔船,让自己凭着劳动过上衣食无忧的日子。这时候,别人哪怕给他送一船鱼,都丝毫没有意义,他只会看到鱼吃完后,自己再次一无所有的未来。

可是翟东却不能理解。他这样没经过风浪的人,大概不能想象刘阳一直为将来而胆战心惊的心情吧!

3

不欢而散的一周后,翟东突然又出现在了打工的地方,这一次,他换了一身衣服——工作服。

"不是吧,你要当我们的同事啦?"我简直惊掉了下巴，谁能想到这家伙竟然来了这么一招呢？

"对啊！"翟东不好意思地笑了笑，"上次的事情，我想好了，是我不对。不过，我这不也是为了跟女朋友有更多的相处时间嘛！所以，我觉得还是跟她一起工作，最能一举两得了。"

他看着刘阳，无赖地说："这次，你总不能把我赶走吧？"

看着他们重归于好，我感觉特别高兴。好像，翟东的确有了一些改变。

他不再像刘阳描述的那个"大少爷"了，反而主动去适应自己不适应的生活，去接触过去没接触过的人和事，见识不一样的社会百态。他甚至学会了苦中作乐，把这份兼职做得风生水起，连刘阳都不如他受客人喜爱。

月末的时候，翟东不仅领到了第一笔兼职工资，经理还多给他发了一点奖金。

"第一次赚钱，我还真不知道该怎么花了。"翟东拿着钱，高兴地抿了抿嘴。

一回头，我就看到他在偏僻的角落里，把钱偷偷地塞给了刘阳。后来刘阳告诉我，翟东跟她说："以后我们两个一起攒钱，就能攒到很多了，你也不用那么辛苦。这可不是我从爸妈那里拿的，是我作为男朋友跟你一起赚的。"

刘阳很不好意思，推拒了好几次，可是翟东并没有因此感到高兴:"这是我的好意,你就收下吧!你总这样,是不是还把我当外人呢?"

没有办法,刘阳只好收下了钱,翟东显得特别高兴,好像他们之间有什么不一样了似的。

"以前,我一直把我的跟他的分得很清楚,让他吃一点亏,我就会觉得不好意思。可是这次他的做法,让我好像明白了什么……"刘阳说,"是不是亲人、爱人之间,有些东西不应该分得那么清楚呢?"

"是啊,有时候彼此分得那么清楚,反而会伤感情的。"我说,"接受一份好意,有时候比不让对方吃亏更能让他高兴。"

从刘阳这里,翟东明白了一个成熟而独立的人该怎么做;而刘阳,则从他那里明白了亲人、爱人的意义。他们一个像荒漠里长大开花的仙人掌,坚韧成熟,却不会与同类相处,不懂如何接受别人的靠近;一个是温室里长成的向日葵,天生带着向阳的热情和朝气,却没有经历过外面的风霜雨雪。

从某种意义上讲,他们是完全不同的两类人,这条互相磨合的道路走得跌跌撞撞,却让两个人都得到了成长。一份美好的爱情就应该这样,能让双方成长为更好的人。

4

　　打工的半年里，刘阳和翟东都有了不少的变化。

　　原本的翟东，就像个没长大的孩子一样，任性又天真，以玩世不恭的态度挥霍时间。现在，他好像明白了自己的责任。

　　空闲的时候，我常常看到翟东在窗边敲击着电脑，听说他从老师那里接来了不少工作，正在发奋向上。有时候，他还会接一些简单的编程工作，既锻炼自己，又赚取外快。

　　"大家都这么努力，我好像也不能总没个目标。"他笑着，轻描淡写地说。

　　过去的刘阳，总是不自觉地把自己和人群隔离开，心里永远绷着一股劲，催着自己向前，哪怕已经疲惫得喘不过气来。现在，她也学会了适时地享受生活，学会了接受别人走入自己的内心，不再去伤害他人的好意。

　　她有了很多朋友，脸上的笑容越来越多。他们互相都越来越像对方了。

　　这样的故事，似乎应该到此为止，留给大家一个完美的结局。我本来也是这样期望的，可是很久之后的某一天，在路过这家店时，我还是忍不住走了进去，看到了故事的结尾。

　　因为我看到，翟东正坐在窗边那个他最常在的位置上，身边却再也没有那个女孩的身影了。

"怎么只有你一个人啊？"

"哦……我跟刘阳，分手了。"他毫无芥蒂的样子，完全不像在提起自己的前女友。

"对不起，可是，怎么会这样？"我感到十分吃惊。

翟东告诉我，他们在两个月前就离校了。我这才后知后觉地反应过来，他们已经毕业了啊！毕业，往往总是跟分手挂钩的。

刘阳考上了家乡的一所大学，准备回去读研究生。她的爷爷年纪大了，身边不能没有人照顾，所以她别无选择。可是翟东不一样，他得到了珍贵的出国机会。而且他的家在本地，不管是考虑到父母还是自己，都没办法轻易地选择离开。

不是每个人都有为爱远走天涯的勇气和决绝，他们，也不过是普通人中的大多数。

临走的时候，刘阳坐上了去往火车站的大巴车，车下送别的同学都红了眼眶，大家都知道，这一分开还不知何时能再见。远远地，她看到了翟东在树下站着的身影，他正在冲自己挥手送别。

前一天，刘阳就跟翟东提起了分手的事情。从此异地异国，她知道，这两个字是早晚要说的，但是翟东并没有同意。可是上车后，刘阳还是狠了狠心，又给翟东发了一条短信：

"我们大概不会再见了吧！谢谢你，教给我的一切。"

5

"从那以后,我就再也没能打通过她的电话。我知道,这时候应该决绝一些,对大家都好。"翟东苦涩地笑了,"可是我还没告诉她,那句谢谢,应该是我说才对。"

翟东告诉了我很多,他说,没有刘阳,他到现在也不会懂得自己的责任、明白自己该承担的东西。刘阳让他自惭形秽,让他迫不及待地想做什么来证明自己。

"没有她啊,我也许还在家里打游戏,怎么会有这所谓光明的前途呢……"翟东喃喃地说,声音却很小。

临走的时候,翟东特别认真地嘱托我:"如果你还能联系到她,请替我说一声谢谢。"

一场无疾而终的恋爱,能够双双获得对方的感谢,这也是另一种意义上的圆满吧!走在路上,我这样想着。

跟世上千千万万分手后诅咒前任的怨侣们相比,能够在分开后深思熟虑,然后认认真真对曾放在心上的人说一声"谢谢",是多么难得的事情。

我们的一生不会遇到很多"对的人",如果遇到了,请务必要珍惜他们,然后一起努力把生活与爱经营好。也许你不能让对方变得更好,但至少不要让自己变得更差,这样在未来如果遗憾地错过,还能跟对方说一声:谢谢。

谢谢你,在同行的路上教会我的一切。

2. 爱情淡去，但爱还在

1

最近快要结婚了的表姐有很大的烦恼。

"我不知道我的选择对不对，我是不是要嫁给他呢？"表姐非常苦恼地对我说。

"好吧，听说每个快要进入围城的人都会这么紧张，这是正常的。如果你每次都退缩的话，也许你再也找不到结婚的对象了。"我不走心地听着，顺便喝了一大口杯中的饮料。

表姐一边托着腮，一边絮絮叨叨地说："我也这么劝自己，可是我不能忍受那些没有爱的婚姻，这不是凑合吗？"

"等等，没有爱？"我惊得差点丢掉了手里的杯子，

"你是说,你跟你恋爱八年马上要结婚的男朋友之间,没有爱?"

说起表姐的恋情,那真是一波三折,丰富程度足以出书,书名可以叫《我的恋爱是怎样从人人喊打走上人生巅峰的》。我未来的表姐夫张乐安先生是个心狠手黑的家伙,深谙"不早下手就没有好白菜"的道理,早早地就祸害了我表姐这样一棵千里挑一的好白菜。那时正是高三,堪称学生时代最要紧的时候,此时恋爱一定会被扣上"早恋"的大帽子而人人喊打,哪怕两个月后他们就会变成被父母催着找男女朋友的准大学生——人啊,就是这么矛盾。

难道他们连两个月都等不及吗?

可惜,表姐是个倔性子,没被"压迫"的时候,她还觉得谈恋爱可有可无,老师和爸妈轮番上阵,她反而固执起来,非要一条路走到黑。

那时候一到晚自习,常常看不到表姐的身影,当然,张乐安先生也一样不在。老师找遍了教学楼,怎么也发现不了他俩。第二天,保准要叫去办公室,好好训斥一顿。可是下回,还是不改。

"你俩干什么去了?"

"能干什么,上自习去了啊!就在实验楼那个连廊里,哎呀冻死了。"表姐说起来还忍不住打个哆嗦。

没错,就算是上自习,他俩也非得上得轰轰烈烈,不走寻常路，致力于给家长和老师添堵。不过，这倒是很好地培养了俩人的革命友谊。

到现在，舅舅说起这些事还十分愤慨："不是那个臭小子，你表姐能比现在强不知道多少！"

虽然在我眼里，表姐已经很强了。哪怕是在早恋的压力影响下——主要是家长和老师带来的——表姐还是轻松地考上了重本，也因此保住了她和张乐安摇摇欲坠的、脆弱的爱情小芽。

如果说第一年周围人的态度是人人喊打，第二年就是人人漠视，表面上毫不关心，实际上不知多少人盼着他们分手，舅妈连劝慰表姐的话都在心里练习了不知多少遍，可惜——人家就是没让她有机会说。

到了第三年、第四年……渐渐地，大家就接受了，甚至哪天不听表姐提起张乐安，舅妈还要担心地问："不是分手了吧？"搞得她哭笑不得。

到了现在，表姐长跑八年的恋情已经成了周围人的恋爱标杆、学习典范，连我都被老妈教育："学学你表姐，你倒是什么时候定下来啊？"

我心里忍不住嘀咕，我要是学表姐，您一开始就打死我了。

这样的感情，怎么会没有爱呢？

2

"我也说不上来。喜欢一个人,难道不应该是提起他,心就怦怦跳,见到他就忍不住开心,见不到就会不自觉地挂念吗?"表姐说。

她说,过去她和张乐安的确是这样的。两个人上的大学相隔一个城市,她常常在周末找机会去看他,哪怕第一年父母卡着他们的生活费,她也愿意省吃俭用买火车票。

"只有最慢的火车,去了也待不了一天,路上坐硬座坐得腰酸背痛,我却从来没有问过自己,值得吗?"表姐回忆起来,嘴角还是忍不住上扬。

冬天的时候,从没有空调的硬座车厢下来,腿都有点僵冷。可是她顾不上这些,因为她一眼就从人群中看到那个熟悉的身影。那人可能等了很久了,一直将手放在嘴边呵气取暖,睫毛上都好像结了霜。

她走到对方面前,看到他的眼睛一下子亮了,就像有千万星星闪烁的夜晚一样。他没有拉起表姐的手,反而把手塞到了衣兜里,然后傻笑着说:"手太冷了,我就不拉着你了,你会凉。"

没有什么可以约会的地方,两个人就在学校的小路上走着,买上一两块烤地瓜,一样吃得很开心。好像能看到对方,就是一件最值得高兴的事情了。

几年下来,两个人把对方学校的路,都走得不能再熟了。

"我记得有一次想给他一个惊喜,结果他也是这么想的,我们俩都坐了火车去找对方,就这么错过了一整天。"说着,她就笑了。

那时候,他们一定很相爱吧!

"唉,可是现在……"口气一转,表姐就哀怨起来,"我只能承认,我们俩已经忘记了恋爱的感觉了。"

是什么时候,那种心动的感觉渐渐消失了呢?不住在一起时,哪怕在一个城市工作,也常常半个月见不了一次面。总是很忙,总是很累,下班回家连电话也不想打,只想好好地睡上一觉……

住在一起了,每天也说不上几句话。"吃早饭吧""我上班啦""我回家啦"……好像生活在交错的空间里,你看不到我,我也看不到你。

"还没有结婚,我就体会到了结婚后的平淡,这样的生活真的能够忍受吗?"表姐显得有些茫然,"要我忍受一辈子吗?"

3

表姐的话让我想到了我的父母、她的父母,还有那么多在围城中生活着的夫妻们，好像，结婚就是这样的。

恋爱的感觉渐渐消退，取而代之的不仅仅是平淡的柴米油盐，还有家庭的责任感，"那个人"在心里的重量越来越轻，让人牵挂的则是"那个地方"——家。家里的所有人，从此在心中地位平等，再没有谁能像热恋时那样独占心房。

"表姐，你觉得爱情是什么呢？"我问，"爱情可以持续一辈子吗？"

"爱情？它……它当然不能持续一辈子。不是有人说过吗，爱情的冲动源于荷尔蒙的影响，这种身体内的化学反应，最多只能持续三年时间。"

"所以，再长久的爱情，也不能超过三年。那没有爱情了，伴侣之间就没有任何感情了吗？"我想了想，小声说，"其实，那些在伴侣之间持续时间最久、最深厚的感情，恰恰不是爱情啊！"

那是一种残留着爱情、充斥着亲情、间杂着友情的情感，当然，它是爱，只是不再像一开始那么纯粹。这份爱原本是最浓烈的酒，一入口就辣得人心肺生疼，可是经过时间的酿造，它总会变得醇厚香甜，这时就变了味。

变味的爱情，也一样是爱。

表姐愣住了，沉默了半晌，才低低地慨叹了一声："也许是我太苛求了……"

她告诉我，也许我说的话没错。因为她想了想，除了父母亲人,也许再没有哪个人能像张乐安一样,让她在对方面前暴露出最真实的自己。

热恋时,她总想把最完美的自己展现给对方,哪怕一次小小的约会,也一样要换上精挑细选的衣服,整理自己的发型,有时还要化上半小时妆。是什么时候开始变了呢?可以素面朝天、穿着拖鞋去见面,可以毫无顾忌地大笑大闹,不必担心自己的形象,可以做任何颜面无存的事情……在那个人面前,可以完全放开自己。

"他就像我最亲密的家人一样,和他在一起不会再有心动的感觉,可是失去他,就会很痛苦。"表姐说。

她谈起那些两个人在家度过的无聊时光。有时候一整天也不会说上几句话,而是各自忙着各自的事情。表姐在沙发上跟朋友聊得很开心,好像永远有说不完的八卦,张乐安就会坐在沙发前的地毯上,兴致勃勃地玩着新买来的游戏盘。

他们好像互相忽视着,明明处在同一空间,却偏偏不跟最近的那个人交流。可是,这场面却意外的和谐。

恋爱久了,再说不完的话也会说尽。总有一个人,让你不必说那些客套的话,也不必维持火热的氛围,只要共处在一个空间里默默做各自想做的事情,就能感受到舒适与自在。这,才是家啊!

这让我想起曾看到的一句话:恋爱的最高境界,就是在一起各自做自己的事,却感到格外安心。每一对情侣走到最后,都会变成这样。

既然如此,为什么要放弃已经快"通关"的恋爱秘籍,再去开创新地图呢?最终,也都是一样的结果啊!

4

"怎么样,想好了吗?还结不结婚了?"我开玩笑地说。

"行啦,我就是开个玩笑,你还喘上了。"表姐很不好意思地拍了我一下,"哎呀,差点忘了今天的任务了。"

今天的任务?哦,我想起来了,是要陪表姐先看婚纱。得,这位已经开始看婚纱了,之前的话说不定还真是玩笑……

陪着准新娘逛断了腿,电话铃声突然响了起来,只听到表姐的声音传来:"接我?不用了,也就几步路的事情,还不够费油钱。说起来,你别忘了给车加油,加油卡就放在……"

她絮絮叨叨地嘱托着鸡毛蒜皮的事情,还没结婚就已经进入了角色,眉梢眼角分明是嫌弃中带着满足,刚才那个怨妇早就不知道被丢到哪里去了。我不由感叹,女人真是十分多变的。

还没出门,就看到熟悉的车,看来张乐安这位准表姐夫实在不怎么听话。他熟稔地招呼着我,要把我送回家,表姐的手顺势挎在了他的手臂上,无意识地秀了我这单身狗满眼。我知道，这当然不是秀恩爱，只不过是一种习惯而已。

是一种哪怕爱情消失了，也会留下的习惯，早就融入在生活的点滴之中。

上了车，表姐一边跟我说着话，一边在副驾驶坐下，默契地从张司机那里接过刚拧开的水瓶，爽快地喝了几大口，一看这套动作就不知道重复过多少遍。路上，她眉飞色舞地跟我天南海北地聊，专心开车的张乐安也很少跟她交流，最多就是应景地笑一笑，告诉我们他也在认真听。

并不是多么甜蜜的场景，却让我感到十分羡慕，他们在无声地告诉我，彼此都找到了相伴一生的人啊！也许他们之间就像表姐说的一样，早已从荷尔蒙影响下的不理智中挣脱出来，但是他们并不是没有爱了。他们有一份升级的爱，比爱情更加牢固地牵连在两个人之间。

我们不是为爱情而活的生物，总要面临着爱情消逝的那一天，这是无奈的必然。此时，能够找到和你一起把爱情酿造变味、升级换代的那个人，未尝不是一种幸福。

3. 我可能会忘记你，但不会忘记爱

1

我家楼下的咖啡店，是一对三十岁的夫妻在经营，听老板娘说，他们是大学同学。老板娘最大的爱好就是做咖啡，哪怕大学读的是计算机，毕业后也义无反顾地选择了完成自己的梦想，经营一家充满奶油味道的小店面。

老板娘的丈夫，我只记得他姓刘，所以一直叫他刘先生。刘先生的职业不明，可能是一位设计师，我常常看到他对着笔记本电脑敲敲打打，应该是在做自己的工作，却很少见他按时上班。

所以，虽然开咖啡店的是老板娘，刘先生往往也会在店

里帮忙。他们两个,再加上两个兼职的大学生,就是这个咖啡店里的日常员工了。

在家的时候,我最喜欢去这里坐着,带上笔记本,一坐就是一下午。

"一杯冰美式,谢谢。"这是我最常说的话。

老板娘总会带着和煦的笑容,爽快地应下来,然后勤快地在后厨忙忙碌碌。刘先生则坐在柜台边,偶尔跟客人聊聊天,大多数时间都是专注地看着自己的电脑——当然,并不是总在工作,有几次我分明看到他玩着游戏。

"好了,您的冰咖啡。"老板娘的声音响起。

我知道,这时候我不应该抬手去接咖啡,因为咖啡里必然是没有冰的。果然,刘先生头也不抬,慢吞吞地从身边"变"出一个冰铲,从边上的冰柜中铲出冰块,准确地投入到了我的杯子里。

"谢谢。"我接过老板娘搅拌的咖啡,转身离开了。

在这个咖啡店里,刘先生的主要工作就是看店和往咖啡里倒冰块。据他们说,因为不是人人都会要冰饮,所以老板娘常常粗心忘了放,就由刘先生负责这件事。

"她总是很粗心。"刘先生跟我说。

我想他应该感谢她的粗心才是,因为他们的相识就是源于她的粗心。

2

　　两个人在同一所大学学习，却是风马牛不相及的两个系，更有着完全不同的生活习惯，本来不会相遇。可是，事情就是这么巧合。

　　刘先生和老板娘——那时应该叫徐小姐才对，都很喜欢去图书馆的自习教室学习。自习教室有的开放，有的则属于某院系，理论上是专门为这些院系的学生提供的，座位常年都有固定的人占据。

　　可是徐小姐不知道这一点。她虽然常来图书馆，却总是换地方坐，每次也只挑空座位待半天，从没遇到过位子的"主人"来找自己，更是很少注意观察周围，自然不知道有些自习室其实不能去。一次期末考试的时候，其他的自习室都被占满了，她费了很大的劲儿才找到一间有空座的。

　　于是，徐小姐快速地找了靠窗的位置，理直气壮地坐了下来。也许是她动作太干脆利落了，周围的人竟没有提醒她——这里有人了。

　　这样清净地待了一个上午，徐小姐非常满意。她想，最近座位不好找，既然明天还要来，不如就把书放在这里占座吧！

　　于是，总在下午才来学习的刘先生，就这样与徐小姐错过了，只看到她留在自己桌上一堆乱糟糟的书。没办法，刘先生把书都整理好堆在桌角,默默学习起来,心想:我都帮她把书整理过了,她应该能明白这里有人了吧!

第二天,徐小姐又来了,也如刘先生所想的看到了整理好的书。可惜,她实在是个粗心大意的人,完全没有注意到不对劲,还以为是自己昨天整理好的,这真是个美好的误会。

于是,刘先生版"田螺姑娘"一连义务奉献了三天,他实在是忍不住了,留下一张纸条,上面写着:

同学,我已经给你整理了三天书了,你没看出来这个桌子有人用吗?

徐小姐这才恍然大悟。不过她倒是很聪明,专门等到刘先生来,第一次见到了这个默默奉献的雷锋。

然后她提议道:"能不能把你的桌子借我用一下呢?我只在你不用它的时候来,不会耽误你的。"

刘先生觉得也不错,就同意了,还专门嘱咐说:"那你要记得自己收拾桌子。"

就这样,两人认识了。不过,他们很少相遇,哪怕碰巧遇上了,一个也会主动离开,很少交流,毕竟桌子只有一个,不是吗?

直到有一次,刘先生好奇地翻开了徐小姐的书。他发现,这门两个人都会上的课,徐小姐学得——非常差,连笔记也丢三落四。看到她画着问号的地方,学霸刘先生忍不住做了解答,然后将纸条夹在了里面。

这一下，就给他招来了一个挥之不去的尾巴。慢慢地，两个人就熟悉了，最后水到渠成地成为了情侣。

这一切的开始，不正是因为徐小姐的粗心吗？走错了教室、忽略了被人动过的书本，才有了这样一段特殊的姻缘。

3

从已经变成老板娘的徐小姐那里知道这些事的时候，我隐隐升起了对他们的羡慕。茫茫人海里，能够和原本毫无关系的陌生人产生缘分并在一起，实在是很值得庆幸的事。

可惜，有很多事的结果往往不如人所愿，不等到最后一刻，谁也不知道会从箱子里开出什么结果。等到来年的假期再去咖啡厅的时候，熟悉的身影已经少了一个。

少的那一个，不是存在感总是很低的刘先生，而是很忙却很快乐的老板娘，取而代之的是一个陌生的高瘦青年，这是很不正常的情况。我好奇地问了刘先生："老板娘怎么没有来呢？"

"她啊，她……生病了。"刘先生抬起头，苦涩地笑了笑，"可能很久都不能来这里了。"

我这才知道，老板娘已经生病一段时间了，好像情况很不乐观。刘先生也不常来咖啡店了，只有每天的下午来看看店里的情况，大多数时间都在医院陪着妻子。那个高瘦的青年,就是他们新雇用的咖啡师。

我看得出来,他已经很累了,面颊都有些微微的凹陷,不再像过去一样神采飞扬。

"为什么不暂时关了店面呢?"我建议道,"虽然有些冒昧,但是这样你们会轻松一些吧!"

而且这家店并不很赚钱,我心里补充了一句,如果没有了老板娘,它还有存在的意义吗?

刘先生摇了摇头,又接着说:"这是我妻子的意愿,也是我想替她做的。咖啡店是她的心血啊,我不想她出院以后,回到这里会失望。"

他抬头看了看我,说:"而且,总有人喜欢这里,不是吗?我得向她的顾客们负责。"

我点了点头,什么话也没多说,要了一杯冰咖啡。

咖啡端上来了,这一次没有忘记加冰,毕竟做咖啡的人已经换了。没想到,刘先生做了一个出乎我意料的动作。

他从身边摸了摸,拿起了冰柜边的铲子,想要给咖啡加冰块。冰铲都插到了冰里,他才突然意识到什么,停了下来。

他不好意思地说:"忘记了,已经加冰了,还好没有加进去。"

我看到这一幕,突然有些难过。也许后面做咖啡的人变了,但是那些长年累月积攒下来的习惯,却被身体深深地记住,总在不经意的时候就会刺痛神经。

"这已经算是很好了,前几天我加重了好几次冰呢,害得小张多做了很多咖啡。"可能是我的表情泄露了什么,刘先生苦笑着说,"看来我也已经慢慢适应了。"

真的适应了吗?我不知道。我想起奶奶刚刚过世的时候,大伯常常忘记家里少了一个人,还是会做齐所有人的饭,然后对着那多余的一碗沉默很久,痛哭失声。生活就是这样,哪怕重要的人离开了,我们的生活中也还会看到他的影子,因为对于他的爱,早就藏在了生活的每一个角落。

所以我们总是很害怕告别,每次告别的时候,就是在强行改变自己的生活,渐渐擦除另一个人的痕迹。可是,哪怕有一天痕迹消散、习惯也丢失,甚至连对方的脸都记不清楚、将与他有关的事情都忘得干净,有些情感还是不会散去的。

就像我,虽然已经快忘了奶奶的面容,却还清晰地记得那桌上多余的一碗饭,记得当时那种酸涩的感觉。

我相信,刘先生也是一样的。

4

我很少再去那家咖啡店了。第二年,从周围人带着遗憾的只言片语中,我知道老板娘还是因病去世了,死在了可以被感慨为"英年早逝"的年纪。意外的是,虽然想看到咖啡店好好开下去的人已经去世了,它再也等不到自己的主人,但是咖啡店还是不温不火地开着,一直都没有关店。

我又一次登门,想看看它是不是被转让了。事实上没有,店里还是那个高瘦的青年,还有柜台后面坐着的刘先生——对了,现在应该称老板了。

"你好久没来了。"刘先生很快看到了我,"今天还是冰美式吗?"

我是不会欣赏咖啡的人,只要有冰就可以,没想到他竟然会记得。意外的是,他比我想象的要更了解我,知道我喜欢坐在什么位置,以前常什么时候来,还知道我妈妈喜欢在哪里遛弯。

"很多都是我妻子告诉我的。"他说完,才沉默了一下。

气氛稍微沉重了一会儿,刘先生突然笑了,跟我说:"我突然发现,她影响了我很多。"

刘先生告诉我很多事情。他说,自己原本一心想要去大城市发展,因为她才留在了家乡这个二线城市。她总是很懒散,开一家小店面就觉得十分满足,不喜欢忙碌的生活。久而久之,他也被影响了,从劳累的广告公司辞职,自己组了一个小团队,平时就接些小公司的委托,日子一下子悠闲起来。

我才知道,原来他是做广告行业的。

她对他的影响当然不止这些。过去,他总是不爱打理自己的生活,虽然出门总是干净整洁,屋子里却一团乱。

为此，她不知道唠叨了多少次，强迫着他养成了整理屋子的习惯。即便如此，刘先生还是把家务能省则省，总是不认真做。

现在，再没有人监督他了，他才在不经意间发现，自己早就养成了整理屋子的习惯，衣橱里的衣服，全都按照她最常叮嘱的顺序摆放着，一点不错。

"28天就能养成一个习惯，我们在一起这么多年，不知道改变了我多少习惯，以后再也改不掉了。"刘先生说。

就连保留这家店，也是源于习惯。刘先生不是多么浪漫的人，没有"为了去世的妻子经营店铺"的想法，相反，他不愿意睹物思人，一开始就决定要把咖啡店关闭。可是没有坚持两天，他总觉得少了些什么。

"每天一到开店的时间，心里就空空的，不知道该干什么。常常在周围散步，走着走着就到了这里。所以，我还是把它开起来了。"刘先生最后解释道。

是啊，有些深入骨髓的习惯，想要拔除是很难的。生活不是简单的加不加冰，这个动作忘记很容易，把生活中的点滴改变，却是很难的。正是这些习惯，不断地提醒着我们，曾经爱过什么人、有过什么样的生活。

终有一天，你会忘记你爱过的人，不过习惯会提醒你，不让你忘记爱的感觉。其实，这也是一种幸福啊，至少告诉你，你懂得爱，也爱过，未来还将继续爱着别人。

5

　　后来我知道,刘先生的家人一直在劝他再婚。我从他的态度可以看出,他并不十分排斥这件事,毕竟他还很年轻,生活还要继续,不是吗?

　　甚至将来,他很有可能拥有一个更加温柔的妻子,比粗心大意的老板娘更聪明、贴心,他们会有一个可爱的孩子,新的家庭烙印将会掩盖旧日的痕迹。

　　那时候,他可能就会渐渐忘记旧人的模样了,也许不拿起照片,就很难想起她的样子。但即便会忘记自己曾经的爱人,他也不会忘记自己真心付出过的爱,不会忘记与她在一起的生活。他会将干净的衣服按照特殊的顺序整理好,会一边工作一边享受悠闲的生活,还可能会一直开着一家咖啡店,说不定偶尔会往客人的杯子里多放冰块。

　　就算记忆模糊,爱却会被身体记住,永远存在我们心里。

4. 未曾发出的365封信

1

收集癖可能是很多人共有的癖好,是不是我们的祖先收集物资的习性铭刻在了基因里呢?有的人喜欢集邮、集钱币、集烟盒,还有的人集电影票、集火车票,只要是成套的、数量多的,不分贵贱,总会有人有将它们收集起来的欲望。也许攒齐一套不能召唤神龙,但是心里总会有奇妙的成就感。

我认识的一个姑娘很特殊,她收集了自己的信。每天一封,满满365封信,静静地躺在她电子邮箱的"草稿箱"里,没有一封发出。

"为什么不发出去呢?你是写给谁的?"我问她。

"当然不能发,因为收件人是Y。"她一说,我就明白了。原来,是她的男神呀!

每个人心里大概都会有一个可望而不可即的男神或女神,他们就是你心里的一朵白莲花,只可远观不可亵玩——别误会,没有贬义。对待这样的人,我们总是小心翼翼,不仅不敢跟对方说"喜欢",还恨不得将自己的想法捂得严严实实,谁都不知道。

所以,哪怕是与朋友窃窃私语,也得给他们取一个安全的代号,否则都不敢把心事说出口。Y这个简单粗暴的代号,就是这么出现的。

喜欢Y的这个姑娘叫王若琳,她就是怀着对男神的一腔热爱,足足写了一年的"暗恋日志"。对王若琳来说,这样的信可以给任何人看,却绝对不能给心里的收件人看到。一旦看到,暗恋就到头了。

"既然我不太可能跟他在一起,这样的话就不应该轻易说出口。恋爱是两个人的事,暗恋却是自己的事。"王若琳说,"如果说出来,一切就变了。"

暗恋者总是胆小的,只要不说,就永远不会被拒绝。

2

"你都写了些什么呀,能写这么多封?"我很好奇,

"你怎么有那么多话想对他说?"

"一开始并没想过要写这么多。本来,第一封信我是要发给他的。"王若琳仔细地跟我说起了最特殊的第一封信,"如果发出去了,也就没有后面的信了吧!"

那时,她刚打听到男神的邮箱跟电话,不好意思直接打电话暴露自己,就想了个迂回的办法,用邮件让他先认识自己。王若琳在宿舍里整整憋了一下午,才认认真真地把这封信写完了,里面字字句句都表达着一个姑娘炽热的——暗恋。

在信里,她说了自己单方面和男神相识时的场景,虽然Y肯定不会记得了。那时正是夏天,几个社团联合举行活动,王若琳由于长得乖巧可爱、完全一副萌妹子模样,又是动漫社的部长,承担起了扮演"女仆"的重担。

可爱的二次元女仆自然是不少人眼中的风景,然而,有些人可能不知道,自己也成了这些萌妹子眼中的风景。

"跆拳道社来了个帅哥!你看到了吗?"作为资深"颜性恋",王若琳私下毫无形象,拽着一个同伴就八卦起来。由于跆拳道社的活动场地紧挨着她们社团,她还要小心翼翼,防止被人发现。

"那是他们社长啊!你不知道吗?那是政法学院上一级的风云人物,好多人都喜欢他。"旁边的姑娘显然更八卦。

看来还是男神级别,那一定要给他留个好印象……王若琳一边想,一边若无其事地往跆拳道社那边凑,还不动声色地整理了半天裙子、衣服。没想到这下，就发现了问题。

"不知道谁买的咖啡洒在了椅子上，全印在我的裙子后面，位置还很尴尬……"王若琳说起这件事，还感到十分不好意思。

在热闹的广场上，当着这么多同学的面，她可不想"一举成名"。想找人帮自己拿衣服遮一遮，大家却都忙得不可开交，完全没人注意自己。电光火石之下，王若琳捂着裙子就坐在了旁边的椅子上。

"刚松了一口气，还没坐两分钟，就有人跟我说话……"王若琳说。

"我知道了，一定是Y吧！"我猜。

果然，Y用非常礼貌的声音说："同学……你好像坐了我们社的椅子。"

王若琳一下子尴尬了，不敢站起来，却也不好意思再霸占着椅子。没办法，只好捂着裙子，别扭地起身躲在了后面。

Y看到她的样子，好像明白了什么，左右看了看，干脆拿起自己放在一边的外套，递给她说："是衣服脏了？借你用吧，一会儿还我就行。"

当时，王若琳的脸一下子就红了。

"这是男神第一次跟我说话，真的好温柔啊！"到现在，她还是会忍不住想入非非起来。

我没好气地拍了她一下："你确定这不是你的美化？你

的男神也没跟你说过几次话吧？"

没错，这几乎就是他们最亲密的时候了。不过是短暂的相处，这位"花痴病患者"就毫不犹豫地投入到了Y男神的"后宫团"里。

她渐渐了解了关于Y的很多事。知道他篮球打得很好，就常常去看他打球，虽然他可能没注意过场边多了一个陌生的面孔；知道他在学院中是出了名的辩论高手，偶尔还会参加比赛，就总是积极赶去现场观看，比听自己学院的讲座来得还及时……她甚至认识了他的一个舍友，悄悄地关注了他的微博，却从来不敢让Y知道自己。

她发现了Y的很多优点，觉得自己一天比一天喜欢他。虽然我们都明白，这种感情就像明星的小粉丝一样，是单纯的欣赏、热爱，大概是最单纯的一种暗恋了。

3

我想，她在那样巧合的时候遇到如此温柔的人，再加上外形的加分与几分少女心的美化，会喜欢上他也不稀奇吧！只是，这种喜欢终究是浅薄的，时间久了，也许自己都想不起来曾喜欢过这样一个人。

特别是，王若琳终于鼓起勇气给他写信，想正式走进他的生活里。在对方还不认识自己的时候做这种行为，这份尚未萌芽的暗恋更不可能延续很久,也许从她发邮件的那一刻起,就注定马上要结束了。

不过,谁让这封邮件没有发出去呢?

"当时只是凭着一腔冲动,写完了却后悔了。人家连我是谁都不知道,这样写不是等着被拒绝吗?与其一点希望没有,倒不如维持原状。"王若琳回忆说,"而且,我也明白,对他的喜欢是很单纯的,正因为他符合我对另一半的幻想,才不敢想'在一起'这样的事。"

所以,她从一开始就没想过这份暗恋可以成真,只是在喜欢一个人的心情中,自我陶醉、自我幸福着。既然如此,为什么还要去表白呢?远远地看着,继续维持着喜欢他、不打扰他的状态,就很好了。

于是,这份邮件最终没有发出,也没有被删掉。

大概因此,这份暗恋没有快速地从王若琳的生活中消失,反而成了求而不得的"红玫瑰",常常被她放在心上。心里的话积攒多了,总想对别人说。不能对暗恋的对象倾诉,写一封不会发出去的信件,似乎是一种不错的方法。

王若琳开始每天给Y写信,在她自己的世界里,一个人快活地热恋着。

开始,她会絮絮叨叨地说一些生活中的小事,讲一讲自己今天为什么开心,又为什么难过,说说楼下那只总会围着她讨食的狗,又或者自己在哪里偶遇了他——当然,他还是不认识自己。有时候，她还会写一写自己的秘密，仿佛对面有人倾听，心情也变得轻快起来。

时间久了，她觉得自己在跟一个不怎么见面的朋友聊天，这个朋友好像是Y，却又不是他。不过，这倒是让她对现实中的Y也越来越依赖了。

她想与他靠近一些，想像自己暗恋的人一样活得光彩耀眼。于是，她抛弃了懒散的自己，开始学着Y那样积极地锻炼身体，然后把每天的锻炼成果写在邮件里，炫耀给那个不见面的朋友听。她开始坚持每周看书、参加各种比赛活动，努力尝试变得更优秀。

"因为Y就是这样的人啊！喜欢一个人，就一定会喜欢他的优秀之处，然后不自觉地想向那个优秀的他靠近。"王若琳形容说，"就像飞蛾扑火一样。"

"对啊，而且我敢打包票，暗恋一个人的话，这种心情就更加明显。"我补充道。

什么心情？想要和对方一样优秀、能够与他比肩的那种心情啊！暗恋，本来就把自己放在了卑微的位置上，在某些地方能和对方比肩，就成了极为迫切的一件事吧！对于王若琳来说，也是这样的。

而这显然是一件好事，她变得越来越优秀了。

"有人问我，到底是什么影响了我呢？我说是一个朋友。"王若琳有些苦恼，"我本想说是Y，可是他做了什么影响了我？什么都没有。那是我自己吗？也不是。"

她开始疑惑了，自己是因为什么而改变的呢？想来想去，她发现是因为这一场暗恋，是因为自己用几十上百封邮件构造出来的那个"朋友"。她把一切都告诉了这个"朋友"，"他"不会说话，不会建议，也不会拒绝，却是最沉默可靠的。在王若琳心里，"他"是以Y为蓝本构造，却渐渐脱离了Y的特殊存在，哪怕不想起Y，写邮件这件事也变得让她十分开心。

王若琳完美地诠释了一场暗恋的精髓，那就是——暗恋是我一个人的事，与你无关。

4

"你有这么多话想对他说，他却一句也不知道，你会遗憾吗？"我问她。

王若琳笑了笑，说："有些话与其是对他说的，不如是对我自己说的，所以不告诉他也不会遗憾。不过，如果不让他知道，我还真觉得有点不公平。"

所以她决定，要让Y知道有个人曾那么喜欢他。至于为什么说不公平？大概是不公平我喜欢你这么久，你却连我是谁都不知道吧！

"不过，你确定你是喜欢他的？"我有点好奇。

"当然了,你怎么能质疑我的喜欢呢?"她佯装发怒道,"我可能比他的朋友更了解他,看到他过得好,会发自内心地感到快乐,看到他受挫,就会在心里默默陪他难过。只不过,我把我喜欢的人远远地放在了神坛上,这样看着他,就能够满足了。"

这种喜欢是她一个人的秘密,一个人享受的爱恋。她对Y的感情那么单纯,是"希望对方幸福"的那种喜欢,嫉妒与独占,在其中都找不到。

后来,王若琳把自己的心情告诉了Y,在她的草稿箱里攒齐了365封信以后。她最终没有让Y知道,有个人曾跟他有这么多话想说,只是翻出他的电话,发了一条简单的短信:

"想让你知道,有个人喜欢过你。"

她把这条短信,当成是一次告别。从此之后,她还是会喜欢Y,但这种喜欢也许不太一样了。

那天晚上,王若琳高兴地拿着手机凑到我身边,让我看一条刚刚发出的微博。是Y,他还是一贯的不爱多言,只说了一句话——非常谢谢你的喜欢,真的。

她几乎要哭出来了,因为自己喜欢的人能够重视这份感情,哪怕他并不知道这句话承载着什么。也许让他知道这份暗恋有多么特殊,他会用更加珍重的态度对待,但是——

这就够了。

对于王若琳来说,这已经足够了。她一个人的恋爱,得到了官方承认，画上了完美的句号。

　　有些爱，注定是一个人的事情，但是我们同样可以让它变得很美，并且享受着这份爱。

5. 那是一想起，就忍不住微笑的事

1

分手了还是朋友，这句话放在很多人身上都不成立。分手了，意味着黑名单上又多了一个人，微博上吐槽前男（女）朋友的内容，又多了几个点赞。

当然，也有一些人将这句话贯彻落实得很好，比如我认识的白萍小姐。这位年龄只能算是姐姐、辈分却是我小姨的女士，谈起她唯一的前男友，总是带着笑意和赞赏。

这表情，完美得让人认为她是在谈论自己的现任。

用她的话说："为什么要去否定他呢？否定他不就是否定曾经付出的感情、否定过去的自己吗？"这对她来说实在

太强人所难了。

所以她从来不这么做，每次想起她的前任、想起她上一次的恋爱，她总是一副忍不住微笑的样子。

"既然这么好，为什么会分手呢？"实在忍不住，我这么问道。

"好不好，与会不会分手是两码事。有的恋爱很好，却不能完满，有的人在一起一辈子，还是怨侣呢！"白萍说，"其实，这还是取决于你怎么看待这件事。姑娘，你还是太年轻啦！"

是啊，怎么看待？有的人分手是因为种种不堪，比如小三插足，这就是在临分手之前，还受到了前任给予的重磅一击，自然很难对前任笑脸以对。毕竟，谁会这么想不开，偏要以德报怨呢？可是有的人，明明分手也算和平，却硬要将前任放到禁区，让他的名字变得提都不能提，顺便将过去的时光全都丢到脑后，好像恨不得失忆一次，这样又至于吗？

这样做，不就意味着曾经的时光都虚度了吗？为何不坦然地看待，让自己在回忆的时候，虽然感到有些许遗憾，却更多的是快乐与珍惜呢？

2

第一次听白萍提起自己的前任，是在我们逛商场的时候。那时候，他们已经分手半年多了，原因不可考。

我们在甜品柜台前流连不去，不知道最终买什么好。女生就是这样矛盾的生物，既想节食减肥，又想品尝到美味，总是给自己出选择难题。选来选去，白萍终于不耐烦了，指着一块黑森林蛋糕说："就它吧，我不选了。"

"你喜欢吃黑森林？我记得你不喜欢吃巧克力口味啊！"我十分意外，白萍的口味和一般女孩很不一样，她对甜食没什么认识，也不太喜欢，尤其不爱吃黏糊糊的巧克力。

"它看起来最眼熟，程与今原来最喜欢吃这个。"白萍十分自然地脱口而出。

程与今就是她的前男友了。我还有些忐忑，觉得自己是不是说错了什么，让她想起了这个人，没想到白萍倒是主动跟我聊起了关于他的一些事。

一些什么事呢？就是关于黑森林蛋糕的事情。程与今不仅喜欢吃巧克力，还喜欢吃一切甜食，喝豆浆放糖都要放双倍。他是个有些固执、单纯的人，在与白萍恋爱之前没怎么接触过女生，不知道怎么去照顾一个人，只知道用自己喜欢的东西讨好对方。

"他总是很笨，只会把自己最喜欢的东西送给我，却不知道问问我喜欢什么。不过，看到他那种'忍痛割爱'的样子，我总是会莫名地感动……"白萍坏坏地笑着。

她说起两个人第一次去逛街的时候，也是在甜品店里，程与今买下了那天最后一块黑森林,爽快地让给了她,自己选了榴莲班戟。

"你吃吧,我记得你喜欢吃这个的。"白萍说道,她还隐藏了一句没说出的话,那就是——我不喜欢吃啊!

没想到程与今大方地摆了摆手,说:"剩下的都不如它好吃,当然要把最好的让给我亲爱的女朋友了啊!"

他的逻辑就是这么简单粗暴,我要对你好,就把我觉得最好的东西都让给你。虽然逻辑错得让人想流泪,但是被照顾的人心里却能理解这种情感,并十分珍惜。

"我第一次吃完一块蛋糕。没别的原因,就是看到他吃榴莲班戟的时候那个嫌弃的表情,心里就特别爽,特别不想把这块蛋糕让给他。"白萍说。

"你怎么这么坏心啊?真是太腹黑了。"我一下子笑了。

"腹黑什么啊,害得他以为我也特别喜欢吃蛋糕,只是之前不好意思说,导致我吃了整整一年的黑森林!"白萍说起来还是很愤慨。

因为误以为女朋友喜欢吃黑森林,就整整给对方买了一年一个口味的蛋糕……这真的不是来报复的吗?

不过,我也明白白萍为什么没有提醒他,自己其实不喜欢。一块蛋糕只是小事,她只想从这块蛋糕里,看到所喜欢的人对女朋友的珍视。

3

"为什么现在……你还能这么毫无顾忌地提起他?"这是最让我感到意外的。

白萍拨了拨手里的蛋糕,疑惑地问:"为什么不能?你不觉得这是一件很有意思的事情吗?"

"是啊,可是……"可是这跟一个特殊的人有关啊!我没有说完。

她却好像明白了什么,摆了摆手:"我这个当事人都不在意了,你们为什么要这么在意呢?只要这件事很有意思,这段回忆曾经让我得到过很多快乐,不就行了吗?我不想去回避这些真实发生的、让我开心过的事情。"

所以,她常常说起自己过去恋爱时发生的事情,好像那个人还在身边一样。但是正因如此,我才明白,这是她心里早就放下那个人的表现。

"那你还会经常联系他吗?"我忍不住问。

"我常常提起他,不过很少联系了。本来也没有什么联系的理由。"白萍想了想,还是摇了摇头,"我只是拥有和他一样的记忆,想和他保持以后能融洽见面的关系而已,不代表我想打扰他的生活。"

而且他,也不想打扰我。

白萍说到这里，还是忍不住苦笑了一下："其实，能够做到这一点有多么难呢？我还记得刚分手的时候，看到跟他相似的身影，都忍不住多看几眼。"

更何况是真的跟那个人相遇的时候了。那是刚分手不久的一天，白萍在回家的车站边，看到了程与今的身影。这么远，为什么会认出他？哪有这么多原因，对待一个你关注了这么多年、一眼就能从人群中区分出的人，远远地就认出他已经是一种身体的条件反射了。

他还是穿着平时最喜欢的那双鞋，外套永远拉到最上面，最好遮掩住下巴。一个人背着包，站在人群中等车。

"以前，我们总是会一起的。"白萍有些怅然。

当时鬼使神差似的，她不自觉地就往程与今那边走去。虽然她明明知道，自己和对方不是一辆车，不去打招呼更好，却还是忍不住这样做了。她看着人群中的那个面孔越来越近，心里是抑制不住的忐忑。

还没等她走到他身边，车来了。白萍停下了脚步，看着那个人走上了回家的车，默默注视着他离自己越来越远。

"心里就像掏空了一样难受，"她说，"当时我就发现，也许我可以毫无顾忌地谈论他，却不能真正再靠得他太近了，这样我们都会难受。或许将来有一天可以，但那是以后的事了。"

分手，就是跟记忆里的这个人说再见，再重新认识一个新的他。回忆里的他是靠近的，现实中的他却必须避开，这大概是很多人决绝地将回忆也丢弃、不愿提起的真正原因吧，因为不想亲身感受这种残酷的差异。

白萍选择了另一种方式，那就是小心地存放着他们的回忆，牢牢地记住那些快乐的日子，忘记不那么开心的部分，然后整装重新出发。在她的回忆里，度过的每一天都值得，那是和一个足以配得上自己的优秀男生，一起肆意挥霍的光阴流年。

4

对于白萍的这种态度，我是十分羡慕的："有多少人能像你一样，想起前任还会笑呢？"

白萍忍不住翻了个白眼，无语地说："我还不能理解那些人呢！几个月前还甜甜蜜蜜，现在想起那个人就横眉冷竖，好像对方没有一点好，这样的无差别转换是怎么做到的？"

爱的时候，对方就是全天下独一无二的那个，再好的人也不如他适合自己；不爱了，立刻迫不及待地否认自己曾经的认识，非要从模糊的记忆里寻出蛛丝马迹，证明对方有这样那样的不好。为什么要这样呢？

说白了，还是想告诉自己：放弃他是没错的，是获得了新生,是再合适不过的。总之,就是在自我安慰罢了。

仔细想想,前任哪有那么多做得不好的地方呢?有些时候,不过是我们主观印象的变化,潜意识里贬低了前任。其实,他不过就是个普通人,和我们度过了一段有苦有乐的时光而已。也会在未来,那个和我们交错的空间里,慢慢地一起老去。

如果人生就像一场修行,那么当你能冷静地看待这段关系,在想起那些特殊的、快乐的时光时,能发自内心地微笑,你就能成功毕业了。

第三章
一辈子不长，有你就是好时光

⋮

　　人生短暂如同朝露，能有知己相随，换来朋友为伴，每一秒就都是最好的时光。尤其是年少纯然的年纪，你是否还记得那段记忆里与你形影相随的身影，和你一同挥霍青春的肆意少年？那都是埋藏在心里，关于爱的故事。

你要让你的付出，
配得上幸福

1. 你是我年少轻狂里,最美的回忆

1

你的少女时代是什么样的呢?

最近,常常有人问我这个问题。大家似乎都被青春片的怀旧气息所感染,纷纷搭上这趟车的尾巴,去追忆各自不同颜色的青春。那好像很久远的时光,其实离我们并不远,可是回想起来却好像隔了整整一辈子似的,心,似乎在离开青春期的那一瞬间,就迅速老去了。

我的少女时代似乎没有什么值得提起的话题。作为一个典型的好孩子,我的青春和大多数人一样,在课桌和书本之间流淌而去,在与朋友的打闹和放学路上的欢声笑语中悄然

消失。既没有做过什么惊天动地的事情,也没有遇到过哪个特殊的人,这大概就是我的青春无法搬上大荧幕的原因吧!

这一点,跟大多数人的青春不是一样的吗?可是当我们仔细回忆起来的时候,还是会体会到午后阳光似的温暖,因为埋藏在心里那些特殊的人而感到的快乐,因为这是一份不需要告诉别人的感情,是独属于自己的回忆。

我相信,哪怕是最平凡的青春,也少不了这些特殊的身影。他也许不是那个在酸涩的青春中让你想要哭泣的人,却一定是在你哭泣时陪在身边的人,那就是朋友啊!

那是占据我们青春的真正主角,是在回忆渐渐褪色的时候,依然闪耀在心中的名字。你还记得你的朋友吗?

2

我大概永远不会忘记这个名字——林一凡,我的青春时代里最特殊的那个人。虽然伴随着年纪渐长,我们之间的交流也渐渐变少,但还是常常约出来一起吃饭。哪怕是毫无意义的闲逛,也能在相聚中变得很愉快。

"你还记得我第一次见到你时,你是什么样的吗?"上一次见面,她这样问我。

我摇了摇头,因为早已忘记自己当时的模样了。

她笑着低头搅了搅杯子里的饮料,眼睛眯了起来:"我还记得呢！我记得你戴着一副黑框眼镜，看起来特别古板，表情很像我之前的教导主任。我就想，怎么会有这么严肃的小姑娘呢，一看就跟我说不上话啊！"

我突然想起来了那个场景，不过想到的不是我的模样，而是她的样子。

升学的第一次见面，我就认识了林一凡。在中学女生的一众短发里，她的样子依然显得十分出众——毕竟，不是每个女生都敢剪那么短的头发，柔软的短发剪得连脖子都不到，一簇呆毛傻兮兮地翘着，配着一张中气十足的、写满"不服"的面孔，看起来就是个刺头。哦，性别还是女。和这个男孩气的名字一样，林一凡给我的第一印象，就像个痞气的假小子，怎么看都跟我不是一路人。

这大概就是"第一次见面看你不太顺眼"吧，谁能想到我们也能成为彼此的夏天和秋天呢？

"想起来了，你那时候也是……很不符合我的审美。"我也忍不住笑了。

这样两个互相看不惯的人，却阴差阳错被分为同桌，只能感叹命运弄人。在彼此都是负分的第一印象基础上，这场相识注定不会太顺利。

"我记得你当时三天都没跟我说一句多余的话，除了必要的情况下，你压根不理我。"她看起来有点委屈。

"什么呀，我以为你是个高冷的、不爱理人的家伙，我每次看你的时候你都扭头看别处,我怎么好意思开口啊!"我心里还冤呢!

我们两个对视了一眼,忍不住都笑了。原来,我们都经历过这样忐忑又委屈的阶段,互相猜错了对方的心思呀!

后来是怎么改变的呢?契机大概源于我笔记本中的一张明信片吧!明信片上是当时非常火的女子偶像组合,我也忘记是谁不小心落在了我这里,就随手夹在了笔记本中。

"哎,你也喜欢她们吗?"林一凡一下子看到了这张明信片,眼睛一亮惊喜地说。

"那个,我……"我刚想告诉她,我也不知道这是谁的,就听到她用前所未有的快语速惊喜地说:"我也喜欢她们啊!你看,我这里有很多她们的明信片、挂牌……"

她开始激动地给我展示起她的收藏,语气一下子欢快起来。看到她这么开心的样子,我把原先没有说出的话吞进了肚里。如果这样能结交到朋友的话,也是很好的吧!

"我知道她们前几天好像在北京办了演唱会……"我记得别人跟我说过,是这样的吧……

"不是啦,是在上海,北京都是半年前的事情了。我跟你说,我最喜欢她们这首歌……"林一凡喋喋不休地说着,看起来格外可爱。

原来,她也是个这么可爱、这么普通的女生啊!我想。

原来,她也没有看起来那么古板嘛!她当时则这样想。

一个美好的误会,我们渐渐熟络起来了。后来,我坦白自己欺骗了她时,她也只是微微一笑,说:"没有这个误会,我可能就要错过一个好朋友了。"

女孩子的友谊,有时候就需要这么简单的一个契机。青春时的爱憎总是分明的,也许因为一个共同喜欢的明星、一个同样专注的爱好,就能成为无话不谈的密友。之后,就是水到渠成地交往,在不断的磨合中决定未来是闺密还是渐行渐远。

这样单纯而热烈的感情,在以后的日子里,只会越来越少了吧!我们学会了矜持,学会了分寸,学会了控制自己的感情,也就学会了如何像成年人一样交往。那些年少时候的友谊,也就很难再遇到了。

能与友情相配的,只有一颗赤子之心。

3

"虽然刚开始,的确看你不太顺眼,但是我真的很感激,会遇到你。"似乎也在回忆初遇时候的场景,林一凡突然感慨地说。

"为什么这么说呢?是因为你终于有了一个一起逃课去买汉堡、迟到一起罚站的搭档了吗?"我想了想,也忍不住笑了,"我妈还说,我都让你带坏了呢!"

"当然不是啦,虽然……你说的也没错,那些也很有意思。毕竟一个人做坏事,还是有点孤单啊!"她摇了摇头,"可是我说的,是另外一些事。"

哪些事呢?我们之间发生了太多值得回忆的事了,只好听她来跟我说。

林一凡说的事情,我差不多已经忘记了。那是高一的时候,有一天她特别低落地来到学校,还迟到了,因此被老师盘问了很长时间。

可能是感到疑惑吧,我就缠着她问了好久:"到底为什么迟到呢?"

她开始还没说什么,后来就只是摇摇头,说:"就是起晚了。"

可是看那样子,怎么都不像简单的"起晚了"。

中午趁着没人,她就被我叫到了自习室里。开始林一凡还以为有什么特殊的事情,后来才知道我还是想说早上的事。

"你到底是怎么了?"我当时的表情应该十分疑惑,十分担心吧,"别骗我说迟到了,我都看到你胳膊上的青痕了,是不是你爸爸又打你了?"

我知道,林一凡初中的时候常常挨打。她的父母奉行极其传统的教育观念,不仅家教严格,还认为"棍棒底下出孝子",一旦她在学习、生活上出现问题,就少不了挨一顿打。而且,大概是她性格太倔强了,不肯低头服软,常常被父母打得十分严重,让人看不过眼。

这句话一出,绷了一早上的心好像松了,她一下子就哭了起来。我还是第一次看到她哭,瞬间手足无措了。

"我当时哭了,是因为感到很委屈。为什么这时候才委屈呢?可能是终于有人关心到我了,就像小孩子摔倒了,也只有看到父母才会大哭吧!"林一凡说。

"你一说我就想起来了,你哭得特别狼狈,一直到下午上课都没停下来。"现在想想,当时傻乎乎的、一句劝慰的话都想不起来,只好在旁边默默陪着她的我,好像并不能算多么称职的朋友。

但是,可能她就是需要这样一个人,能倾听自己发泄心中的委屈、感受到她没法对人说的痛苦吧!从那一次后,我好像因为知道了她的小秘密,彻底走入了她的世界。

后来得知这家伙挨打,是因为理科成绩总是不好,我就决定带她补习、给她讲解。整整三年的时间,我一半的午休时光都耗费在了给她讲题、陪她练习上。这样是不是耽误了自己的学习?我从来没有想过这些,朋友,不就该是这样的吗?

她也再没有因为这件事被打过了。虽然我的能力有限,不能完全改变她的处境,但是这一次伸手已经让她十分感激。

"不是每个人都会在毫无回报的情况下伸手去拉别人,但是你向我伸手了。我们是不一样的。"她常常这样说。

你有没有一个能够这样去对待的朋友呢?

4

三年的时光十分短暂,尤其是在繁重的学业压力催促之下,我们都拼命在人生的跑道上奔跑,那原本看起来长得到不了头的道路,也很快到了终点。

要毕业了,大家看起来都怪怪的。往日里有摩擦龃龉的同学,此时见面也都是笑脸以对,之前没说过几句话的人,好像一下子就熟悉起来了,大家都趁着还没离开,努力地和身边的人交流着。

原本以为那是今后总有机会熟悉的人,谁知道现在就迎来了这场聚会的结束,大概就是这样遗憾的心情吧!所以毕业的时候,反而是一场相识以来最融洽的时刻,最终每个人的回忆都定格在这一刻,何尝不是一种幸福。

"我还留着你送给我的礼物呢,虽然现在看起来有点幼稚,可是……真的很好。"我回忆起那时候的生活,笑着对林一凡说。

"那可是耗费了很长时间做的呀!"她也笑了起来。

那是一本写满字句、贴满照片的册子,当时在女生之间最受人青睐的礼物。学生时代的大家本就没有钱置办太贵重的礼品,这时候心意就变得格外重要,谁要是收到一份这样的生日礼物,大家都会十分羡慕。

后来到了大学，我还常常看到同学给自己的男朋友制作这样的册子，用荧光笔把想说的心事满满地写上十几页，配着两个人的照片、各种漂亮的画，十分耗费心思。每当我看到她们如此认真地做这些册子时，都会想起林一凡。送我那本册子的林一凡，又是怀着怎样的心情坚持把它做下来的呢？

送我那本册子的时候，她显得十分淡定，好像递过来的不过是一本普通的笔记本。直到我翻开的时候，才发现里面到底用了怎样的心思。

"我记得之前有人过生日，你特别羡慕她有这样的册子，就给你做了。"她这样说。

我这样说过吗？也许吧，这句话我自己都忘记了，可是她却还记得。我一直不觉得她会成为送我这种礼物的人，因为她总是那么粗心、爱着急，手工活也很差劲，做这些实在是为难她。可是她却记得我曾经说过喜欢什么，还真的去做了。

大概朋友就是这样的，能够在细水长流的生活中最准确地体会到你的心思，这一点往往连爱人都难以企及啊！

你曾送过我这样写满字句的相册，上面的一笔一画都是友谊的见证。我也曾经在走出校门的时候抱着你痛哭过，好像未来再也不会相见似的。

那时候，很多人都哭了。我抱着林一凡哭得那么伤心，周围人都纷纷侧目，大概以为我是因为心里哪个喜欢的男生而哭泣吧！可谁能知道，我就是为了眼前的这个人呢？朋友之间，也同样会给对方灌注深情厚谊，在注定要分离的时候，为自己和对方感到悲伤。

"能够在那个夏天遇到你，身边坐着的那个人是你，我很庆幸。"

我想，这是很多人内心里，都想对回忆中的人说的话吧！那些年少轻狂的时光里，总有一个人陪你度过，最终成为你回忆中的主角，点亮你的整个青春。

2. 他们只是过路客

1

我的一位大学室友是个感情之路非常坎坷的人。

这位室友叫李芊芊，有一个很美的名字和柔软的外表，却总招来烂桃花。进大学以来，我眼睁睁看着她谈了三次恋爱，却每一次都不超过半年，总是找不到自己那个"Mr. Right"。是她不够认真、太花心吗？我敢保证绝对不是，她对男朋友的用心整个宿舍都有目共睹，绝对属于"恋爱了就可能把朋友丢到脑后"的那种家伙。那是她谈恋爱的方式不对？好像也不是，她总是很用心地经营自己的感情，从没犯过什么恋爱错误。

总结下来，好像只能说她遇人不淑。前男友们有的劈腿，有的漫不经心，还有的沉迷游戏……总之，没有一个是恰当的恋爱对象。

所以，她不可避免地常常失恋，连我们都习以为常了。

每当她失恋的时候，总会给一个人打电话，有的时候是声泪俱下地控诉，有的时候则是咬牙切齿地痛骂。对面那个人说了什么我不知道，不过每次她打完电话，心情都会好很多。

"那是谁啊？"我有一次好奇地问。

"那是我的朋友，叫程佳。"她说。

"程佳？这个名字我没怎么听你提过啊！"我觉得这名字有点陌生，别说比得上她常挂在嘴边的、历任男朋友的名字了，就连辅导员的名字出现频率都比这名字要高。

"可能，在学校时总想不起来联系吧……"她一下子惆怅起来。

我想了想，也觉得十分理解她。我们总会有一些好朋友，在人生的特殊时刻和我们相识相伴，却又在未来的时光里聚少离多，渐渐从生活中消失。不过，那种感情却不会因为时间和距离而消磨，下一次再遇到的时候，哪怕相隔几年，还是能像过去一样嬉笑怒骂，好像中间流逝的时光都不存在。

程佳对于李芊芊来说，就是这样的存在。也许在未来，我也会成为李芊芊这样的朋友,也许一年半载想不起联系,但是"尴尬"两个字,从来不会存在于我们的世界里。

2

李芊芊告诉了我一些关于程佳的事情。

"我跟她是高中时的同学,现在相隔两地,学业都很忙,所以没事的时候不怎么联系。"她说。

"那什么才叫有事了?"我问。

李芊芊白了我一眼,说:"你看,我分手了啊!分手难道不是大事吗?"

"好吧,我以为你已经习惯了⋯⋯"我小声地嘟囔了一句。

"我也忘了是从什么时候开始,我们一分手就会给对方打电话。"她想了想,也觉得有点奇怪,"好像是从程佳开始的。"

我才知道,原来被"分手诅咒"而笼罩的人不止她一个,最开始中招的应该是程佳。

"我记得那是刚上大学,程佳被引领新生的学长吸引,开学没有一个月就在一起了。"李芊芊回忆说。

那是个高高瘦瘦、皮肤白净的男生,看起来就很容易让人产生好感,才迈进新世界大门的程佳不出意外地喜欢上了对方。至于对方有多喜欢程佳,我虽然不知道,但是李芊芊显然是了解的,并因此常常咬牙切齿。

"我跟她说了好几次,这个学长真的不合适,可惜她就是不听我的。"李芊芊说。

我突然想起来了,的确是这样。那时候常常见李芊芊一个人在阳台上打电话,激动的时候声音会很大,隐隐从中能听到"程佳"这个名字。看来那时候,程佳已经跟学长在一起了。

学长大概是出于"把到一个学妹"这样的炫耀心情,最终和程佳在一起了。程佳把这件事告诉李芊芊的时候,她生气得午饭都多吃了一碗,最后因为太饱而在宿舍里躺了一下午。

"后来他们在一起了,你还说过学长的坏话?"我这样问,看到李芊芊白了我一眼,赶紧改口,"不是坏话,是实话,实话!"

李芊芊沉默了一会儿,还是点了点头,说:"是啊,我说过的。"

就是这一次,让程佳有些不自在。一个陷入感情的女生,常常是盲目而不理智的,看着自己的朋友对自己喜欢的人有意见,自然会陷入左右摇摆的矛盾之中。这时候,李芊芊再锲而不舍地试图"拆散"她们,自然会让程佳更为难,心里也有些不高兴。

这种不高兴,大概就是"我这么开心,你为什么总是给我泼冷水"的不爽。程佳的应对方式很简单,既然每次跟李芊芊聊天之后都会感到不爽,那就少交流这个问题好了。

"后来她就很少再提男朋友的事情了,我知道,她是不想让我再对她的感情发表意见。"李芊芊说。

"其实她的处理方式没错。友谊、爱情都是同样重要的,你非要逼她在两者之间选一个,任谁也会觉得不开心,尤其是正处在热恋期的人。常常讨论这个话题,只怕你们的关系会越来越僵。"我说。

毕竟,没有人喜欢别人一直在耳边唱衰自己的感情,让自己总是充满"负能量"。

后来李芊芊也开始谈恋爱的时候,才发现这话没错。哪怕是再亲密的友谊,有时也要注意说话的分寸,不能让对方难做。

但当时,她还不懂这个道理。

3

三个月后,程佳就跟学长分手了。

她哭得伤心至极,给李芊芊打了一晚上的电话。两个人从一开始一同讨伐那个"渣男",到之后同时沉默了。

"我不该不听你的话,你说得没错。"程佳跟李芊芊这样说,"总之,谢谢你这时候能陪在我身边。"

"这时候我当然会陪着你了。在把你交给那个正确的人之前,我都会一直陪着你,就算你以后有了自己的家庭、孩子,我还是会陪着你啊!"李芊芊说。

我总会陪着你的,而那些占据你生命一时的人,不过是过路客而已。

我听着李芊芊的话,突然冒出这样一句话:爱情可能是一时的冲动,友情却是一辈子的倾心以待。

我们在人生的不同阶段,可能会遇到很多爱恋的人。每当爱情到来的时候,热烈的荷尔蒙作用会让我们进入"眼里只有对方"的状态,把全世界都丢在脑后,重色轻友的事情常常发生。

可是,这样的阶段能持续多久呢?我们总会从热情中走出来,这时候,友情又成了感情里的重要角色了。哪怕爱情逝去,这一点都不会变。

那个召之即来,挥之即去,不留一丝怨言的人,不会是你的爱人,只会是你的朋友。

"后来她告诉我,在那样的时候有一个人陪着,感觉真的特别好。可能正是这样,后来我谈恋爱的时候,她总是告诉我,遇到问题要告诉她。"李芊芊说。

程佳这样告诉她:"恋爱的时候我不会打扰你,但我希望你需要别人的时候,能够是我陪着你。"

正是因此,她渐渐有了"分手找程佳"的习惯,每次不开心的时候,就会找她来吐槽一番,发泄一下心中的情绪。

"我常常觉得,总是说一些不好的东西、传递这样负面的信息,是不是会让她感到厌倦?"李芊芊问我。

"怎么会呢?"我说,"那可是你的朋友啊,需要帮忙的时候会二话不说赶过来,走的时候也不需要感谢的那种朋友,会在乎这样的小事吗?"

你不告诉她这些,她反而会担心呢!

"不过我的确有个疑问,为什么你开始谈恋爱的时候,从来不跟程佳说你的男朋友呢?"这一点让我十分疑惑,因为我隐隐感到,如果程佳知道她的选择,可能也会不赞同,也许她就不会遇到这么多"烂桃花"了。

"谈恋爱了,我就明白了当初程佳的心情。当我一心想投入恋情当中的时候,如果告诉了她,她又因为种种原因想阻止我,我一定会很难过,很纠结。与其因此伤害我们的感情,不如不告诉她。"李芊芊说。

从上一次的教训中,她突然明白了这个道理。

好像谁都明白,不要轻易插嘴朋友的恋爱,因为这往往会导致友情破裂,但是真遇到这种情况,恐怕没有谁能保持理智。明明看出不对劲,却只能憋着不说,不是看着朋友误入歧途吗?

说了可能影响友情,不说又对不起良心。为了不让程佳也陷入这样的纠结,李芊芊就干脆不跟她交流"男朋友"这件事了。多么相似的场景，之前程佳也是这样做的。

这样的互相隐瞒，让我有点羡慕。并不是因为不在乎友情才这样做，相反，正是因为太在乎了，在乎这个可能陪伴自己一辈子的人，所以宁愿隐瞒还不成熟的感情。

"我想，之所以会隐瞒这些感情，还是对它没有信心。等我真正遇到能让自己有信心的那个人时，就会告诉她吧！"李芊芊说。

4

大学快毕业的时候，李芊芊又一次找到了男朋友。这一次的恋爱对象得到了我们的一致赞赏，她好像终于成熟起来了，知道什么样的男人更值得喜欢。

这一次，她也把喜欢的人介绍给了程佳。两个人讨论着她喜欢的这个人，一直到深夜。

我听到李芊芊幸福地说着他，说他们第一次见面的时候，说她喜欢这个人的地方，说他怎么对自己……她说了很多话，对面的程佳好像一直在听着，没有过多插嘴。

最后，李芊芊小心翼翼地说："你觉得他怎么样？"

后来她告诉我，程佳跟她说："听起来还不错。你觉得好，就去爱吧，放心，我一直都陪着你。"

能把喜欢的人介绍给自己的朋友，是一种幸福的事情。

因为这意味着,她相信自己喜欢的那个人,也能得到朋友的接纳和喜爱,这是一种对爱的信心。

能让李芊芊有这样信心的那个男人,应该真的不错吧!

的确,毕业后他们还是在一起。直到我工作的第二年,又传来李芊芊和那个人的消息,他们要结婚了。

婚礼上,我不出意料地见到了程佳。她跟李芊芊给我看的照片上一样,长得温柔如水,笑起来的时候就像温和的月亮。程佳穿着简单的伴娘礼服,正站在披着头纱、幸福微笑着的李芊芊身边,温柔地注视着她。

在这个令人感动的日子里,我发现了更多温暖的东西。当主持人邀请新郎新娘上台的时候,新郎小心翼翼地扶着李芊芊站了起来。婚纱的拖尾太长了,她好像踩到了哪里,一下子被绊住了。

就在新郎还没反应过来的时候,旁边一直注视着李芊芊的程佳迅速地伸出手,毫不在意地蹲下身给她整理起了裙摆。那种专心致志的样子,好像在打扮自己的爱人。

谁说她不是程佳的爱人呢?最好的朋友,往往是那个比爱自己更爱的人。看着李芊芊找到自己心爱的另一半,在台上宣誓的时候,我分明看到程佳流下了眼泪。

这一刻,我似乎又看到了那些年,在宿舍里为了程佳而焦急的李芊芊,和在李芊芊分手后不分昼夜用电话陪伴着她的程佳。这些年的陪伴,终于有了美好的结果。

陪着最好的朋友,告别那些人生的过客,最后把她交到正确的人手里,是每一个身为"朋友"的人最大的愿望吧!他们生来就是骑士,守护着自己心爱的公主,只为了把她送到王子身边。

谢谢那些,我们的骑士。

3. 你在或不在，距离都只有0.1毫米

1

读硕士的时候，我曾经和一个女孩在外面合租过两年，后来我们也成了不错的朋友。

这个女孩叫孟敷，家乡在邯郸。因为父母很喜欢邯郸的古代美人"罗敷"，所以给她取了这个名字。没想到，她因此有了个"面膜"的外号，叫人无处说理。

除了这个奇怪的外号，孟敷倒是没有辜负父母的期望，一直照着罗敷的方向成长着。她长相美，脾气好，学历高，为人也正直可靠，德才兼备，实在是最好不过的……室友选项，所以跟她合租的日子还是非常幸福的。

孟敷的生活非常简单，甚至让人怀疑这是不是一个真正的大龄美少女。她没有什么执着的喜好，回家后除了看电影就是练字，最大的爱好是下厨房，这一点倒是跟我的爱好——吃挺相配。除此之外，她就再也没表现出什么特别之处了，这让我不可避免地对她的私生活产生了好奇。

经过我的不懈努力，我终于发现了孟敷的秘密。每到周五的晚上8点，她总会躲在自己的屋子里跟别人打电话，一打就是两个小时，屋里常常传来开心的笑声。哪怕她那一天非常不开心、很疲惫，每次打完电话后也会像变了一个人似的，从内而外地散发着欢欣。

难道孟敷的爱好是跟人打电话吗？想想也知道不可能，那她的变化，肯定来源于电话那边的人。那人是谁？谁能对她有这么大的影响力？我觉得答案是显而易见的，肯定是孟敷的男朋友！

只是，为什么平时不见她提起？

带着这样的疑惑，又一次的周五晚上，我小心翼翼地问："孟敷，刚才你打电话的人，是你的男朋友吗？"

孟敷十分惊讶地看着我，扑哧一下笑了，摇着头说："不是啊，那是我的好朋友。"

好朋友，在这个闺密已经被用滥、快成为"小婊砸"代名词的时代，很少有人这样正经地称呼自己的密友了。可是孟敷就是这么个有点跟不上时代的家伙，她说的好朋友，就一定是好朋友吧!

我感到有点尴尬,只还是安慰自己,不过是猜错了而已。能够走到孟敷的世界里,跟她只有0.1毫米距离的人,除了男朋友,也有可能是女朋友嘛!只是我没想到罢了。

所以,这到底是个怎样的"女朋友"呢?

2

孟敷对于我关于她"女朋友"的好奇,并没有感到排斥。相反,她似乎很乐意跟别人分享自己的这份友情,这跟她平时的性格有些不像,看得出来她很喜欢对方。

"我跟我的朋友,也就是林柏月从小一起长大。"孟敷说,"我们两家住一个小区,一直到中学都是同学。这种青梅竹马的关系,足以让我们成为最好的朋友了。"

到底有多好呢?是从小就在对方家里蹭饭、共同在一张床上长大的关系,是不是姐妹却胜似姐妹的关系,是可以共同分享秘密、食物和心情的关系,是一提起对方的糗事就能滔滔不绝的关系。

"我记得高中的时候,我爸最不喜欢让我去林柏月家写作业,每次都要数落我好久。"孟敷说。

"为什么会这样啊?"我完全不能理解,要知道,能拥有一个一起写作业、一起玩的青梅竹马的伙伴,可是我求不来的梦想。

"因为……我们两个只要凑在一起,肯定没办法写作业了。"孟敷说着,就微笑了起来。

两个正处在好奇心强的年纪的女孩,哪怕每天都会见面,哪怕知道对方所有公开的、秘密的事情,一旦碰上了也还会凑在一起,有着说不完的闲话,这似乎就是女生间友情的常态。虽然不像紫薇与尔康一样,从诗词歌赋聊到人生哲学,也要从吃喝玩乐聊到同学八卦,总之话题总是想不完的。

这时候,学习的效率似乎就有点低了。就像孟敷说的,每次和林柏月凑在一起,老老实实写完作业之后,两个人就忍不住因为各种各样的原因开启话题,一聊就刹不住闸,直到天色将晚,各回各家。

到了下一次出门的时候,还是会信心满满地给自己定下各种各样的学习目标,并且发下各种毒誓,变着花样确保自己这一次能够利用起每分每秒,专注于学习中。可是一遇到林柏月,还是会故态复萌。

"后来,林柏月差点登上我爸的黑名单,只要我俩凑在一起,我爸就各种提心吊胆。"孟敷说,"其实,他真是多虑了,先不说这会不会对我的学习有影响,就算有,又怎样呢?这么珍贵的时光,我不想全部耗费在学习上。"

如果能拥有一个好朋友,一起度过这段美好时光,哪怕做着在外人眼中看起来毫无意义的事情,只要能够成为未来的美好回忆，这样的时间就是有价值的。至少，我们享受过了。

这让我想起一句常常出现在别人口中的话——"你要努力、要奋斗啊，将来你就可以享受生活了。"我们读书的时候，别人这样劝着；工作的时候，别人这样劝着，就这样在不断地向前、向前中度过了人生最美好的时光。真正可以享受生活的时间在哪里？是退休之后、垂垂老矣的时刻吗？不是，因为那时候又要把儿女、孙辈放在心上牵挂，不敢轻易放手。所以这句话，本来就是一句为了激励人上进的空话而已，你真正可以享受的，恰恰是早已经失去的童年。

既然如此，为什么不享受当下？在适当的努力之余，给自己留出足够的时间，和三五好友一起享受悠闲的时光，至少不会让我们在将来回忆现在的时候，只记得"累"和"无趣"。

正因如此，我才会羡慕那些有人陪伴着学习、玩耍的人。也许很多年以后，学习的东西会忘却，玩乐的内容早已抛在脑后，但是那段时光却还会记在心里，就是因为有身边的那些人。

3

不过，再亲密的朋友也不可能一辈子陪在我们身边，终有一天，两个人会渐行渐远的。就像现在，孟敷和林柏月已经很多年没有在一个城市了。

"我们常常半年才能找到机会见面,有时候忙起来,只有过年回家才有机会出来玩。两个人的生活圈子完全不同了,可是奇怪的是,感情反而和过去一样好。"孟敷说。

很多人都说,女孩子的友谊总是看起来很亲密,却也很肤浅。因为她们凑在一起,最常讨论的问题永远是吃喝玩乐,是喜欢哪个男生的心情,又或者是分享各种购物经验。总之,内容总是没什么营养。正因为如此,女生的友情经受不住考验,常常因为一点小事就面临"绝交"的风险,因为生活中的一点动荡,导致两人渐行渐远。

然而事实却不是这样。哪怕讨论的都是些无聊的生活小事,但是因为倾诉的对象不同,投入的情感也是不一样的。不管这份友情中最常出现的话题是什么,两个人度过的愉快时光都不是假的。所以真正牢固的女生友谊,是相隔千里、几年不见,一见面也能从容相对、亲密交流的。

孟敷告诉我,她最真切地感受到这一点,就是大学毕业考研的时候。我知道,孟敷第一次考研并没有成功,而是经过二战才考到了这所学校。在第一次考试的时候,林柏月和她都有考研的意愿,两个人虽然分处异地,却一起坚持、相互打气,度过了地狱般的一年。

"考研的时候真的很忙,最后半年我连一通电话都没给她打过,只在每天早上互相说一句'早安',监督对方早起学习。"孟敷说，"可是考完之后，走出考场的时候，最先想到联系的人就是她。"

走出考场的那一瞬间，孟敷的心就沉了下来。因为种种原因，她发挥得非常差劲，这已经让她意识到自己的考试结果。

茫然了几分钟后，她突然拿起了手机，急迫地从电话簿中找到了那个好久没联系的电话，打给了对方。

对面传来了林柏月的声音："考完了？考得怎么样？"

听到这句话，孟敷一下子就委屈起来，满腔的不甘都想冲她倾诉。她一反常态激动地描述着自己的"失败"，然后垂头丧气地坐在了椅子上。

林柏月似乎愣了一下，然后突然笑了，用毫不放在心上的语气说："你还说自己呢，我比你表现得还差！"她显得有点漫不经心，但是透露的内容却让孟敷呆住了。

"你……你现在还好吧？"孟敷小心翼翼地问，生怕戳痛她。这时候，她突然觉得自己的失败似乎也没那么难受了，安慰林柏月成了她的第一任务。

"还好啊！我们都是成年人了，还担心害怕这种问题吗？考得不好，大不了重来一年就是，就算再差，我们也读完了大学，比一般人多了多少退路啊！你要想开一些。"林柏月显得十分乐观，并没有对这次的挫折表现得有多难过。

相反，她拉着孟敷聊了很多备考期间的趣事，孟敷听着她充满活力的话，心情也一点点奇迹般的变好了。当她挂掉电话的时候,才发现自己正站在阳台上,不自觉地左摇右摆,口中还哼着不成调的曲子。

有一个能够在最低落的时候陪伴、鼓励自己的朋友,真的很重要啊!孟敷在这一刻,明白了林柏月的用心。她也明白,林柏月也许并不像自己表现的那么不在乎,谁能对自己的辛苦付出毫不在乎呢?可是为了让孟敷不要受到影响,她硬是没有说一句抱怨的话,反而费尽心思地寻找那些有趣的话题。

哪怕她们现在不在一起,哪怕她们已经很久没有联系,这一刻,两个人的距离依然是全世界最近的,没有人比她们彼此更贴近对方的心。

4

"后来呢?后来又发生了什么?"我好奇地问。

"后来的事情很普通,很平凡呀!"孟敷纳闷地看了我一眼,"你不会以为我们能在超凡脱俗的友谊推动下做出什么惊天动地的大事情吧?"

"你的表情是这么告诉我的……"我说。

"你误会了。"孟敷摇了摇头,"后来我们就按部就班地生活,该复读的复读,该上班的上班。还是聚少离多,却还是有说不完的话。"

孟敷决定重新再考，而林柏月则抓住了绝佳的机会，直接进入外企工作。从这一刻起，两个人的生活似乎注定了将越来越不同，未来她们会拥有不同的工作圈子、生活习惯，可能再也不能像小时候那样投契，能够在对方的每个眼神中解读出心照不宣。

但是不变的，是两个人之间真挚的情谊。不忙的时候，孟敷和林柏月总会打电话聊天，只是聊一聊平淡的生活，聊聊那些早上下午遇到的生活小事，就能让她们感到开心、放松和愉快。

"我觉得，我们都把对方放在了舒适区里。和对方的交往是一种享受和放松，不必提心吊胆，不必字斟句酌。"孟敷说。

"那就是，海内存知己，天涯若比邻喽？"我笑着总结道。

对啊，这种感情，就是不管你在任何地方，两个人的心都只有0.1毫米的距离。

4. 我们说好，要在时光里一起变老

1

我的QQ上有一个十分活跃的好友——星辰闪耀，这个看起来有点土的名字在一众高大上的英文名中显得格外耀眼。当然，这不是我总注意到他的原因，我总是发现他活跃，是因为这家伙每次上线都会跟我说话，就像上了闹钟一样准时，搞得我烦不胜烦。

没办法，谁让这个号码的那一边坐着我的好友，出于"关爱智障"的人道主义，我也不能拒绝他。

但是最近有点不对劲，他已经好几天没联系我了。每次上线看到他的头像，都是灰着的，让我有点担心。

思来想去，我还是给他发了信息：你最近怎么了？为什么不上线？

隔了很久，那边才有了回信：没什么，最近心情不好。

这家伙也会有心情不好的时候？我心里咯噔一下，这种乐天派会心情不好，一定是发生了大事。

在我的盘问之下，他总算吐露了实情。原来跟他在游戏上认识的一个朋友有关，他刚知道对方得了癌症。

我知道，现在得癌症的人似乎越来越多了，但是会有这么巧的事情？一想到这个好友外表冷酷无情内心软萌傻白的特质，我就很担心他被人骗了。

"你怎么知道他跟你说的是不是实话呢？他也可能是骗子，想骗你钱？就算不是，说不定人家只是不想玩游戏了所以找了个借口。你可别这么傻了。"我说。

"不会的，他不会这样，我们认识已经很多年了。"那边，我的傻白甜好友左思峰回道。

他好像憋了很久，终于找到了可以倾诉的人，把关于对方的很多事告诉了我。我才真正了解到，他在网络上的世界。

2

我知道过去的四年间，左思峰一直在玩一个网络游戏，虽然我对这些并不了解。他是个很长情的人，小时候玩过的旧玩具都会整整齐齐地洗干净，收拢在固定的箱子里，玩游戏也是如此，从那个游戏还没在中国火起来时他就关注着，先是在美服玩，后来又转到国服。

转到国服的第二个月，他认识了后来的好友——生如夏花。一个男性角色，偏偏取了这么个柔软得很容易让人误会的名字，让左思峰觉得很别扭。

"所以，他就是你的那个朋友？"我说。

"是啊，当时我还很讨厌他。"他回复道。

所以，左思峰总是想避免跟生如夏花交流，哪怕加了好友也从不主动说话。生如夏花碰了好几次壁，也就渐渐明白了，很少再联系左思峰。

但是，生如夏花和左思峰同属于一个公会，常常需要一起组队伍合作，左思峰还是不可避免地跟他接触了。

第一次团队合作语音聊天的时候，他发现对方的声音显得特别年轻。问过才知道，那孩子只有17岁，还是在上高二的年纪。

"我一下子升起了一种罪恶感，这么大的人竟然讨厌一个孩子，这不是欺负人吗？"左思峰这样跟我说。

好像的确有点恶劣。而这种态度，生如夏花也感受到了。他曾经私下小心地问左思峰："星辰大哥是不是讨厌我？"

对了，左思峰在游戏里也是这个中气十足的名字。那还是他第一次听别人这样叫自己，本来就愧疚的心一下子软了。他感觉像是能看到对面那个男孩忐忑的样子,想忍不住伸手揉一揉他的脑袋。

"没有啊,我可能是之前比较忙,没注意和你交流,以后不会啦!"

之后的日子里,他称职地当着一个大哥,带着生如夏花一起玩游戏。这样真正认识才发现,生如夏花实在是一个比左思峰更单纯好骗的孩子,他比这个年纪的男生脾气更好,从不跟人生气,也因此常常被人欺负。

"经常有人欺负他,要不就是骗他给自己花钱,这孩子也乖乖照办,把我气得不行。"左思峰说。

后来有了左思峰替他出头,这种事情才少了。

"我只是想有一些朋友。"生如夏花这样解释。原来他并不是不知道自己在吃亏,只是以为这样,就可以结交到朋友了。

"好在现在我已经有朋友了,是吧,星辰大哥。"他笑着说。

"看来,他在现实中应该很缺少朋友吧,所以才在网络上这么缺爱。"我说。

左思峰停了很久才回复我:"是啊。我太粗心了,可能那时候他就已经发病了,没有办法和同龄人玩耍,才只能寄托在网络上。"

左思峰平时并不沉迷于游戏,只是晚上才会玩一会儿,而每次生如夏花都在。他得知生如夏花有时一天都挂在游戏上，还以为他沉迷游戏，为此极其严肃地劝了他好多次，才改了他的习惯。

现在他才发现，也许对方只是无事可做，只能玩游戏而已。17岁，不一定要在学校里，也可能在病床前。

3

时光过得很快，三年的时间，也许我们身边的人还是过去的那一群，但是游戏里的世界早就翻天覆地了。

星辰闪耀和生如夏花，从刚进游戏的菜鸟，也渐渐成了公会元老、初代大神，成为一出现就被追捧"抱大腿"的存在。他们身边的人来来去去，早就换了好几拨，一些熟悉的面孔渐渐消失了。

每次发现有人下线后，再也没有上游戏，生如夏花总会告诉左思峰，然后低落地问他："星辰，你有一天也会不再玩这个游戏吗？"

"肯定会的……"

"那我们还能一起玩游戏吗？"

"当然可以。"左思峰能感受到这个被他当弟弟一般看待的孩子心里的不舍，"我会一直陪你玩这个游戏的，等我们厌倦了，就一起去换新的游戏玩。"

"说不定咱俩可以一起玩一辈子的游戏,等变成老头也一块玩游戏。"说着,对面的人忍不住自己笑了。

左思峰想,傻孩子,哪有人一辈子都想玩游戏呢?不过,他们倒是可以做一辈子的好朋友。

他了解了很多生如夏花的事,知道他真名叫夏旭,住在一个四季温暖如春的城市,家里养了一条喜欢舔他脸的大狗……左思峰常常邀请夏旭来自己的大学玩,或者去夏旭那里看他。夏旭每次都很开心、很向往,临到最后关头却拒绝了。

他好像有不方便说的难处,左思峰想,然后就没有再提了。

"早知道他病了,我一定要去看他。"他这样告诉我。

"那你又是怎么知道他生病了呢?"

左思峰说,那是最近几个月的事情。他突然发现,夏旭的脾气变得特别焦躁,常常在公会里跟不认识的人吵架,因为一点小事就会爆发,还跟他莫名其妙地闹了好几次别扭。

"我开始不觉得什么,可是次数多了,还是会烦躁的。"左思峰说。

所以,每次夏旭发脾气,左思峰都不理他,等夏旭缓过来,自然会再找他玩。两个人就处于这样微妙的、脆弱的平衡中。

可是公会里的其他人却很不开心,大家玩游戏只是为了高兴,不是为了来吵架。矛盾积蓄得太多,终于爆发了。

"那天他们在公会里吵得很凶,我刚好没有上线。等我上线,才知道夏旭退出公会了。"左思峰告诉我。

本来说好一起玩游戏的人,一声不吭就走了,一连好几天都不上线,短信电话也不回,让左思峰又担心又生气。

"我当时也觉得很纳闷,他又不是我女朋友,我还这么迁就他、担心他,到底为什么呢?"左思峰跟我这么说的时候有点无奈,"可能是一种责任感吧!我总觉得一开始就带着他玩,看着他这些年成长起来,要我不管他,我做不到。"

可是夏旭却不再理他了,他写了一封长长的邮件给左思峰,告诉了他自己隐瞒的秘密。

"我才知道,他得了癌症。因为发现得早,医生认为治疗比较有希望,所以他早早就休学在家。这样的生活太寂寞,他就在网上玩游戏。"左思峰告诉了我这个他刚知道的真相。

因此,夏旭才会认识自己人生中最重要的朋友——左思峰。

而现在,夏旭的病情恶化了。他开始一次次化疗,每次化疗完身体都非常难受,头发大把脱落,常常恶心头痛。心情也因为一次次的治疗低落起来,这导致他性情大变,常常爆发。

那天在公会里吵架,他突然意识到了这一点:自己已经影响了很多人的心情,那是不是,左思峰也这么想呢?就算现在不这样,总是面对自己的坏脾气,他早晚也会放弃这份友情吧!

夏旭觉得,自己就像个满身是刺的刺猬,谁想靠近自己,就得被扎得浑身是伤。他无法控制情绪,又不想失去最重要的朋友,只好把他远远推开。

"所以,他说以后再也不跟我一起玩了。如果哪一天他好了,他会再联系我……我突然感觉特别难受。"左思峰好像哭了,"我是不是很不关心他,很对不起他?原来他说跟我玩一辈子的游戏,是真的抱着一辈子的心情啊……"

因为他的一辈子,可能只有那么短暂。能够和喜欢的朋友一起玩着喜欢的游戏,直到变成老头的那一天,大概寄托着这个男孩对生命和未来的最大渴望。

4

自从左思峰跟我说过夏旭的事情后,他就常常把这些事情告诉我。后来的某一天,他突然跟我说,要去夏旭的城市看他了。

"我记得原来给他寄过东西,那个地址我还留着。我要去看他啦,不管以后怎样,现在我是不肯接受这样的结果的。"他说。

一次迟来好久的活动,由左思峰单方面决定了。他坐了一天半的火车,终于来到了那个南国的城市。

照片上,那里的鲜花还开得很美丽,就像我们这里的夏天一样。

我突然明白了夏旭取名"生如夏花"的含义,如果他的生命注定像夏花一样短暂,他也不愿意一个人在病床上寂寞孤独地逝去,让这个名字只停留在几个人的生命中。他要像一个健康人一样,在更多的人生命里留下痕迹,要自己活过的每一天,都像夏花一样灿烂。

他做到了。虽然是虚拟的游戏世界,他也做到了大多数人做不到的事情,让别人高山仰止,不可企及。收获了左思峰的友情,应该是这段旅程最特殊的意外。

左思峰告诉我,夏旭看到他的时候还非常疑惑,等他表明了身份,病床上的男孩子一下就哭了。他们明明没见过面,却像认识很多很多年的好朋友一样,没有一点陌生感。

事实上,他们就是认识了很多年啊!这是两个灵魂之间的情谊,与套在外面的皮囊无关。

"他的精神很好,距离下一次治疗还要很久,所以能够到处走走。我就让他带我去了那里的很多地方,去过游人密集的景点,也去过他长大的小街区。我就住在他家里,叔叔阿姨都非常和蔼,看得出来他们很爱他,所以也爱他的朋友。"回来后,左思峰跟我说。

他还笑着告诉我:"夏旭说什么不玩游戏了,我分明看到他注册了一个新号,名字也很熟悉,前几天刚加入公会的,从来没说过话。原来他一直在暗地里悄悄看着我们……"

说这段话的时候,我分明觉得他笑着,却想哭的样子。

原来不只是他不舍得,夏旭也一样不舍得啊!左思峰临走的时候,他一直送他到站台边,站着看了很久。如果幸运,他们还有大把的愉快时光可以一起度过;不幸的话,这就是第一面,也是最后一面了。

5

再后来,听左思峰说,夏旭的病情稳定住了。医生说未来的几年还有很大的可能会复发,但是已经熬过了这道最危险的坎,就相当于成功了一半。

夏旭是这样说的:"原本我是应该死的,现在还活着,还有什么不开心的呢?"

他又开始出现在游戏里了。不过左思峰总是盯着他,让他每天只能玩两个小时,夏旭经常说这个朋友管得比老妈还要宽。所以在游戏里,这两个曾经活跃的大神,也渐渐隐去身影,快要被人遗忘了。

这对夏旭来说并不是一种失败,因为他放在游戏里的时间减少了,专注于生活的时间增多了。他和左思峰找到了新的游戏,每天在日常生活里寻找各种各样的乐趣,拍照交流、互相比赛。两个网络里的朋友,渐渐走到生活里,相交越发密切了。

　　也许他们真的可以像约定的一样,一起无忧无虑地游戏着,在约定好的时光里,一起变老。

5. 那些日子里，我们一起追过的男神

1

相信不只是在影视剧里，在我们每个人的生活中，都曾有过男神或女神的存在。他可能是放学路上，篮球场上扣篮的那个潇洒身影；也可能是教学楼下，飘飘长发、雪白长裙的一缕香魂。总之，每当看到"男神""女神"这样的词汇，总会有一些身影浮现在我们的脑海里。

我的脑海中浮现的，就是学生时代的全民男神顾清羽的影子。在大学时代的同级生中，如果你问男生谁是他们的女神，也许他们的回答五花八门；但是你要是问女生，谁是她们的男神，绝对有一半以上的女孩会坚定地说出"顾清羽"

的名字，另一半则多半都是追星族。

在那些年，顾清羽绝对是我们当之无愧的男神。论长相，他其实只能算清秀帅气，绝够不上大多数男神的标准，但是一米九的身高，笑起来好像阳光绽放的温暖的神情，看着你时眼睛里闪烁的专注光芒，都让他有着不一样的魅力。长得好的男生不少，但是像顾清羽一样长得好、学业优秀、举止绅士、十项全能的男生，却是少之又少。集合在一起，这就是行走人间的校园男神了。

会想起他，还是因为我的好友薛冰其。

"你还记得顾清羽吗？"上次见面的时候，薛冰其突然这么说，"那天我把我们的毕业照拿给我妈看，她一眼就看出了顾清羽。"

"然后呢？"我问。

"然后？然后就拉着我把顾清羽的情况问了个遍，一个劲儿强调他怎么不是我男朋友。"薛冰其一下子郁闷了。

我却忍不住笑了，因为我想起了我老妈的反应。她也是一眼看到了顾清羽，指着这个男孩说："我看他是长得最好的男生。"

然后，同样经历了一番了解后，老妈叹气着说："唉，这么好的孩子，怎么不是我的女婿呢？"

我跟薛冰其讲了这个故事，告诉她："看来，顾清羽还真是全年龄段通杀，绝对的最佳女婿。"

我们笑够了,突然想起来那些为了顾清羽所做过的傻事,忍不住回忆起来。

2

那时候,薛冰其是顾清羽的"铁杆粉",在不影响他生活的情况下,常常偷偷地搜集跟他有关的一切信息,力求在各种地方跟他偶遇,寻找搭讪的机会。因为顾清羽总会上篮球课,薛冰其就不顾自己不到一粒的身高,也选择了篮球作为体育选修。

哦,对了,她还硬是拉上了同样个子矮小的我。为此,我在大学的体育课上饱受了三年的摧残,几乎不想再碰篮球。每次想到这件事,总是想叹息一句,美色误人,还会伤及无辜啊!

被薛冰其拉着,我也对顾清羽产生了好感,不过还是有些无法理解她那种面对男神的忐忑心情。

比如,明明我们可以报名一个班,在体育课上使用同一个场地,互动也会更多,可薛冰其偏偏选择了旁边的班级。每次我问她为什么,她总是理直气壮地说:"离男神那么近,会影响我的发挥!"

"什么发挥?痴汉的发挥吗?"

"不是啊,就是……就是……"她纠结地摆着手,不知道该怎么形容。

那应该是面对喜欢的人时才会有的忐忑心情吧！想要靠近，又担心对方发现自己，想表白心迹，又担心显得不矜持。最后，只好选择一个不远不近的距离。

所以，几乎每次上体育课的时候，我都被她拉着偷偷"溜号"，跑到隔壁班的篮球场边上，貌似不经心、实则不知道在心里排练过多少次地看着球场上的人。

"我还记得，你其实对顾清羽并没有那么多兴趣，却还是每次都跟我一起偷跑去看他，甚至还因此一起被老师责罚，被大家打趣。"薛冰其说，"为什么呢？"

我看着她，笑了："因为你是我的朋友啊，陪你去追你的男神，不是我应该做的吗？"

我还记得我们在篮球场边，薛冰其总是很担心顾清羽看到自己，害怕他认出这张熟悉的脸，于是总拿我当挡箭牌。

"亲爱的，就这一次啦！好不好嘛！"她拉着我的手左摇右晃，做出一副卖萌耍赖的模样，我也只好对她妥协了。

于是每次站在篮球场边，我都是站在薛冰其前面的那一个，用自己并不伟岸的身躯遮挡着这个少女心的羞涩家伙，防止她被自己的男神看到，并给她留出充足的观察空间。

要掌握好完美的角度，可是需要经过很多次实践才能得来，可见这样的情况绝对不止出现过一次。

搞得到后来，不少人都以为我喜欢顾清羽，每次他打篮球都要去围观。事实上呢？谁让我是她的朋友呢，有些事情只好自己上了。

朋友啊，就是可以一起拉去追男神的人，羞涩的时候可以拿来当挡箭牌，胆怯的时候可以从对方身上得到鼓励、重燃勇气，需要的时候，还可以让对方扮演一下"神助攻"的角色。这样的朋友，在青春偶像剧的女主角身边，总少不了一两个。

在女主角的青春里，她的朋友们甘当配角，为她的幸福而牵肠挂肚、添砖加瓦。值得吗？我觉得是值得的。

因为她的朋友们在自己的世界还是当着主角，同时，又在对自己很重要的人的世界里，占据不可或缺的一席之地。她们是女主角身边的一道风景，如果只留下女主角单打独斗，这个故事就显得格外凄凉孤独，好像孤胆英雄的悲壮史诗。而温馨美好的童话里，必然少不了这些朋友的角色，不信你看，白雪公主身边还有七个小矮人，灰姑娘还有小老鼠在为她出谋划策呢！

如果最后的结局是圆满的，记忆中的朋友就是青春里的一道阳光，让生活更加丰富多彩；如果最后的结局不好，记忆中的朋友就会成为青春的主角，成为黑白照片里，唯一的彩色。

所以，她们总是不可或缺的。能够占据这个地位，我很荣幸。

3

"虽然你帮了我很多,不过我得说,你真的很坏心眼啊!"说着,薛冰其突然话锋一转,开始讨伐我,"坑了我好几次!"

我一愣,才想起她说的是哪些事。第一次是学校篮球赛的时候,薛冰其得知顾清羽成为院队的主力选手,早早就打听了比赛时间,带着我在赛场边蹲守着。

"一会儿,你说我要不要去给他送水呢?"拿着手里的水瓶,她纠结地搓来搓去,神经质地问了我好几遍。

比赛向来有这样的传统,队员们休息的时候,周围的同学可以给他们送水。薛冰其觉得,这是一次千载难逢的、近距离接触男神的好机会。可惜——她不敢。

"哎呀,你拉我来的时候那么积极,我起晚一点你都要瞪眼吃了我似的,现在怎么怕了?"我毫不留情地吐槽她,"别怕,直接上!我支持你。"

过了一会儿,顾清羽果然走了过来,一头汗水地坐在了长椅上。薛冰其一看,又犯上了羞涩症,干脆把水瓶往我手里一塞,就又想把这件事让给我。

我拿着瓶子哭笑不得,替自己的闺密追男神,这算哪门子情况?

眼看对面有个姑娘似乎也蠢蠢欲动,我眼疾手快地抓住了薛冰其的手,一把把水瓶塞了回去,然后抱着她往场内一推。很好,她一下子暴露在了大众的目光中。

薛冰其看着我的方向,脸一下子红了,我从眼神中分明体会到了浓浓的杀气。不过她也不能再退回来,只好扭扭捏捏地走上前,把水瓶递给了顾清羽。

一个温和的微笑,一声柔软的谢谢,成了这一次薛冰其的收获,这也是她喜欢顾清羽的这些年里,难得近距离的几次接触。下了场,这家伙就立刻恢复了活泼,激动得手舞足蹈,向我描述着男神的种种。

我微笑地看着她,准备深藏功与名。没想到还是被她一把揪住,使劲数落了一顿。

"没有我帮你,你能有这样近距离的接触吗?你得谢我才对啊!"我无奈地说。

薛冰其终于也忍不住,扑哧一声笑了,说:"好吧,还真得谢谢你。还是……你懂我。"

虽然她嘴上说我坑了她,却将这一次的接触珍藏在了心里,成为最珍贵的回忆。我知道,她接受我的好意,就像我明白她别扭的心真正想说的话一样。所以我才会做这样"过分"的事,所以她才会感谢我。

"现在,顾清羽似乎已经在我的记忆里越来越远了,但是那段回忆我还是很珍视,因为里面有你啊!虽然,你当时真的挺坏的。"薛冰其还是不忘加上这一句。

那些一起追男神的日子，即便是在男神已经渐渐远去的现在，也不曾褪色。因为我们彼此都会记得当时陪在身边的那个人，记得和对方一起做过的傻事，那才是追逐男神的表象之下，隐藏着的真正的青春。

那是一场属于我们的肆意狂欢。

4

"除了这一次，我应该没有其他欺负过你的时候了吧？你可不能再说我坏了！"我想了想，就连这一次，其实也是为了帮她呢！

"怎么没有，毕业的时候还有一次啊！"薛冰其说。

哦，是那一次。那是我们快毕业的时候，大家都要各自分离了，薛冰其显得特别伤感。因为她终于要跟自己梦想的男神说再见了，可是甚至没有留下一点值得纪念的东西。

"难道以后，我们只能在毕业照上同框吗？"薛冰其自言自语道。

我差一点脱口而出："想跟他合影，你就直接去啊！"毕竟，过了这一刻，以后就再也没有这么好的机会了。

可是我知道，她不敢的。她小心翼翼地掩藏着自己的心情，连去操场边围观男神都不敢露面，又怎么敢直接冲上去跟人合影呢？

但是她的内心真的甘愿吗？我明白她，她的心里一定不是这么说的。

于是，我连哄带骗地把薛冰其骗到了男神的宿舍楼下。走到一半，她就发现了我的目的，连忙就想转身逃跑，被我一下子拦住了。那一刻，我也不知道爆发了怎样的力气，就这样半搀半拖地把她拽到了男神宿舍楼下。

我叫住认识的男生，托他将顾清羽请下来，然后对薛冰其说："就这一次机会，你是留下来还是走？"

薛冰其满脸通红地坐在椅子上，低下头想了想，开始整理自己的头发、衣服。我从她忐忑的动作里看出来，她也很想照一张合照啊！

两个人照照片的时候，看起来都有点小心翼翼，但是都笑得格外开心。这张珍贵的照片，被薛冰其备份在各种地方，一直到现在还保留着。

"过去，我翻到这张照片，想到的都是男神。现在再翻到，我却常常想起当时的你我。每次想，我就忍不住骂你一顿，再笑，有时候还想流泪。"薛冰其抬起头，说，"我真的很幸运啊，能遇到一个愿意为我做到这种地步的你。"

"是啊，我都能想象，当时我硬拉着你，到底是多么狼狈、多么奇怪！"我摇了摇头，却也笑了，"可是，能够看到你现在这么满足，我也就心满意足了。"

我们的友谊不就是这样吗？能够在最好的时光里，陪你追最喜欢的人，成为你回忆里最重要的那个角色，也就完满了。

相信你也拥有这样一个人，陪你走过似水流年，看过云卷云舒，一起追过男神，又能在多年以后，互相陪伴着一起回忆他们。这样的你，是多么幸运啊！

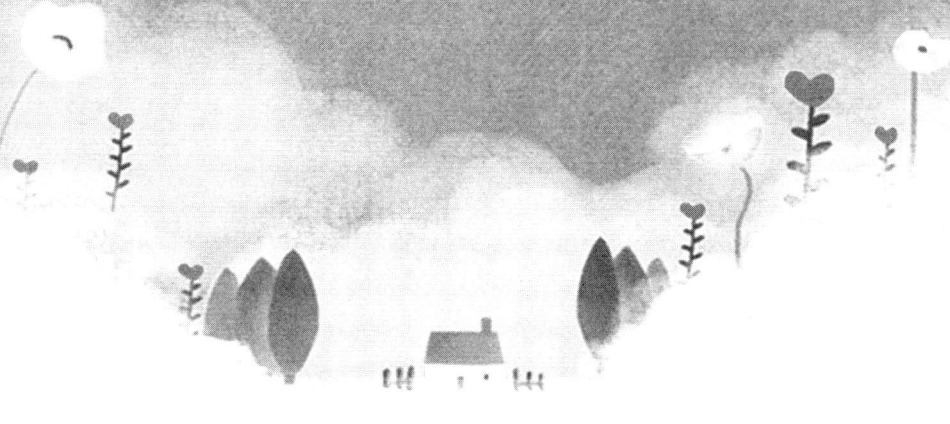

第四章
在他们的目光里,渐行渐远

⋮

　　小时候,他们的爱是攥着你小手的大手;长大了,他们的爱是搁着你手臂的港湾。时光给你带来了挺拔的身躯,却送给他们伛偻的背影,然后让他们亲手将你推开,看着你渐渐远行。不变的,是那个守候在遥远地方的身影,是为你牵挂的心肠。

你要让你的付出,
配得上幸福

1. 每一盏不灭的灯,都有自己守候的人

1

我的家住在一个老式居民小区里。因为建设较早,是一个开放式的小区,物业管理也不太严格,环境比较混乱。过去,周围住着的都是知根知底的老邻居、老街坊,相处起来比较融洽,也相对安全。但是伴随着越来越多的人搬离,又有更多的陌生人搬进来,小区的治安开始有些让人担心。

这导致我每次回家,老妈总会不厌其烦地嘱咐:"千万不要太晚回来,回来的话一定要给我打电话,我去接你。"

我答应得很干脆,心里却想:我这年纪都能当妈了,还需要担心这些吗?

不仅如此,她还总是喜欢在家里等我。只要我不回家,不管到多晚她都不睡觉,从楼下经过的时候,我每次都会看到,自己家的灯光透过窗纱昏暗地照耀着,告诉外面的人——这家还有人没睡。每次看到,我都会感到愧疚。

作为一个年轻人,我自认应该有自己的生活节奏,可是又不愿意因此连累母亲休息不好。所以,我不止一次地跟她提了这个问题。

"下次你就不用等我了,我也不用你接我。你好好休息、早睡觉,就是对我最大的体贴了!"我自认还是很孝顺的。

可是她却很固执,坚定地摇头说:"你不回来,我睡不着觉啊!"

看到我左右为难,她赶紧强调:"我不用你管,我什么时候睡那是我的事。你还别说我,隔壁的刘阿姨也天天等她闺女回来呢!"

我被老妈这种另类的"攀比"惊呆了,也不知道该怎么回应她。不过她说的刘阿姨却让我想起了一些事情。

2

隔壁的刘阿姨是单亲妈妈,有一个正在外地上大学的女儿。她几乎是看着我长大的,而我又看着她的女儿长大,两家关系还算不错。在这种基础上,老妈知道刘阿姨每天也等着她女儿回家，也就情有可原了。

"我记得刘阿姨的女儿还在上学啊，怎么会晚回来呢？"我问。

"哦，小菲她在补习班找了一份工作，现在每天要忙到十点才能回家，所以你刘阿姨天天等着她。"老妈不经意地说。

小菲就是刘阿姨的女儿。因为刘阿姨一个人带着小菲长大，家里的情况并不太好，所以小菲要在假期做兼职的事情我也是知道的。只是没想到，她每天都要忙到这么晚。

刚想到小菲没多久，我就在一次晚归的时候遇到了她。从小区门口一起进来，我下意识地往自己家的方向看去，果然，隐隐约约能看到我家的灯还亮着，隔壁刘阿姨家也亮着灯。

小菲也顺着我的目光看去，然后笑着说："你也在看家里的灯啊！我也看到了，我妈还没睡呢，一定是在等我。"

说着，她就掏出手机，给刘阿姨打了个电话。两个人在电话中并没有说几句话，刘阿姨只是说让她等着自己，就要下来接她。

"妈，不用了，我和姐姐一块回去就行，你待会给我开门吧！"小菲说完，一会就挂了。

"你经常给你妈妈打电话吗？老让她来接你，是不是挺累的。"我小心地说。

"我也不想让她来接我，她忙了一天了，又累又困，应该早点睡觉。"小菲也很无奈，"可是你觉得可能吗？

她肯定会特别担心我、记挂我，只要我没回家，她心里就像揣着什么似的，总也平静不下来。所以，我干脆答应了我妈，让她每天给我留着灯，我每天给她打电话，她就会下来接我。"

小菲顿了顿，说："其实，她等的就是这个电话，有这个电话她就能安心了。要是我什么都不说，她才会害怕呢！"

做母亲的心情就是这样，总是会对自己的孩子牵肠挂肚，哪怕孩子在最安全的地方，只要不是在自己身边，母亲总是觉得亏待了孩子，总会担心孩子的安危。

这时，一个电话也许不是打扰，而是让她安心的灵丹妙药。

3

小菲告诉我，有一次她手机没电了，回家路上又堵车，没能按时给刘阿姨打电话。她倒是没想到会出什么事，因此也不太着急。谁知道走到楼底下的时候，突然看到一个黑乎乎的影子，差点吓了一跳——竟然是刘阿姨。

"妈？你怎么跑这里来了啊？"她缓过来之后，带着一点疑惑问道。

听到这句话，刘阿姨立刻跑过来，一下子抱住了小菲，带着哭腔说:"你这个孩子,我还以为你出什么事了,在楼下等了你好长时间了!你要是再不回来,我就要去报警了!"

小菲一边劝着刘阿姨:"我这不是回来了吗?就是有点儿堵车。"一边想,如果自己再晚一点儿,妈妈可能真的会去报警吧!

"所以我后来出门,从来都是充满电还要带着充电宝,哪怕没电了也要借手机给她打电话。"小菲说。

"你不怪你妈妈管得太严了?太……敏感了吗?"我想,难道是单亲家庭的母亲格外敏感?

小菲却带着笑摇了摇头,非常诧异地说:"怎么会呢?我感到很幸福啊,因为不管多晚回来,都有一个人在关心着我、牵挂着我,都有一盏灯在等待着我,这才是家的意义啊!没有妈妈,我就没有家了。"

所以,她从不觉得这是负担,只觉得甜蜜。就像刘阿姨一样,宁愿牺牲休息的时间也要等着自己的女儿,因为等待让她感到安心。

我突然想,其实这份心情跟是不是单亲家庭没有一点儿关系,是每个母亲都会有的感受。那我以为的对母亲的体贴,是不是在强人所难呢?让母亲不要再等自己,只会让她心里更忐忑不安、牵肠挂肚。与其如此,倒不如每天早点儿回家,更能让母亲安心。

就在我想到这一点的时候,小菲也说道:"所以啊,我以后一定要找一份不加班的工作,再也不让我妈等我这么晚了。"

看着她这样渴望早回家的样子,我感到有点愧疚,似乎自己坚持的所谓"生活方式",在这样简单的愿望前面显得格外不堪一击。

说完话,我们就看到了楼下的刘阿姨。她有些伛偻的身影显得格外瘦小,那是常年劳作留下的印记。可是她的眼神却十分温和,看着小菲的样子让我感到熟悉。

我想起来了,那是我的妈妈看我时候的样子。

"你怎么还是下来了啊!快进去吧,外面冷。"

"我还是不放心你俩,想来看看。"刘阿姨说,转身又招呼着我,"你也快点回去吧,你妈肯定担心你呢!"

我站在那里停住了,抬头看了一眼家里的灯光,点点头迅速地跟上。

从那以后,我学会了早回家,学会了接受母亲看似多余的爱。每次,我都会给她一个电话,然后和正在楼下等我的她,一起回去。

从那盏黑夜里的灯光中,我也看到了家的温暖。

4

后来的一段时间，我总是喜欢在回家的时候观察小区里的灯。我觉得我们家楼下的那个男人应该是独居，因为他即使回家再晚，家里都不会有灯光在守候他；而隔壁楼的一对夫妻常常很晚下班，这时他们家的灯在晚上九点就会熄灭，据说家里有一个小孩……

每当这时候，我都忍不住再看看我家的灯，瞬间就会升起一种满足感。我好像理解了小菲的想法，从那一盏灯里，我分明看出了满足感和优越感，好像比周围的人都活得更幸福似的。

而我也发现，半个月后，隔壁刘阿姨家的灯在晚上就再没有亮了。

"妈，为什么刘阿姨家晚上都是黑的？"我很疑惑，"怎么现在都没灯光了。"

"你刘阿姨睡得早，她明天还要早起上班，太累了，只能早点睡。"老妈一边忙着清理厨房，一边说。

"那小菲……小菲是回学校了吧？"我灵光一现，突然明白了缘由。果然，老妈点了点头。

原来，自从小菲回学校，刘阿姨就再也不等到那么晚了。不知为什么，我突然替刘阿姨感到一种孤独，好像不能再为自己的亲人留一盏灯，不用再等到深夜，是一件多么令人失望的事情似的。

"怎么会这么想呢?刘阿姨现在不用担心小菲了,也可以好好休息了,应该是好事啊……"我小声嘀咕着。

一不小心,就被老妈听到了,听到她疑惑的问话,我只好随便编了个理由:"我没说什么,就是想说刘阿姨这也睡得太早了啊!"

要知道,隔壁楼那个自己在家的小孩现在还没睡觉呢!

"她自己在家,也没什么事做,心里空虚,可不就早睡觉了?"老妈叹了口气,好像很有感触的样子,"别说是她,你原来不在家的时候,我也特别早就睡觉。"

"为什么……我们不在家了,你们不应该感到松一口气吗?以后也不用等到那么晚了。"我这下是真的吃惊了。

"等到夜晚虽然有点困,但是心里很安定,因为知道你们就在身边。你们离开家了,就不一样啦……"老妈的话没有说完,就起身去做饭了。

不一样了,是哪里不一样了呢?我想我明白了。儿行千里母担忧,这句话即便放到现在也是适用的。孩子从母亲的身边离开,就像带走了母亲心里的重要的一块,虽然生活轻松了、时间充足了,可是心里缺了一块,总会感到不适。

这时候,空有时间却没有享受的心情,只好早早睡觉,防止自己觉得寂寞。

想到老妈也是这样度过了这么多年,在牵挂着远行儿女的每个夜晚,强迫着自己早早睡下不再胡思乱想,我就感到一股浓浓的愧疚。作为女儿,我永远不能体会她的心情,因为那时候,我可能在任何地方快乐着、悲伤着、激动着,却没有想过远方的父母在做什么。

我们的感情是不对等的,也就无从体会那份情深。

5

就是那天晚上,我突然梦到了老妈去世的场景。梦里,她应该已经离开我很久了,我一个人生活在空荡荡的家里,每天回到家看到的是一片漆黑,打开厨房门,迎接我的是冷锅冷灶。自己一个人吃饭,自己一个人睡觉,晚上躺在床上的时候,就感到一股浓浓的孤独感侵袭而来。

在梦里,我一边流泪一边想,就算自己在下一秒死去,也不会有人知道、不会有人在意吧?因为生命中最在乎自己、最牵挂自己的那个人,已经先一步离去了。

这样的痛苦,让我一下从梦中清醒过来。在安静的深夜里,我听着从不远处传来的、老妈穿透力极强的呼噜声,突然感到前所未有的安心。于是我小心地凑过去,给了她一个轻轻的吻,说:"妈妈,谢谢你。"

同时,我也想到了刘阿姨和小菲,在迷糊和清醒之间,我好像也祝福了她们,希望她们能早日过上想要的生活,团圆在一起。

然后,就这样一直幸福下去,像世间那许多的圆满家庭一样。像那些幸运的人一样,总能在回家路上,看到等待着自己的那盏灯。

2. 白发如霜，覆在我心上

1

还在学校读书的时候，我曾经也是万恶的学生会的一员。不过和很多人眼中官僚主义作风严重的学生会相比，我所在的部门显然风格不同，大家其乐融融，关系十分融洽。一直到毕业，这些人都是我重要的好朋友。

这一切，少不了我的部长、一个脾气甚好的男生的努力。他叫严路，是学生会里公认的最可靠学长，多才多艺，性格温和，蝇营狗苟好像从来不能用在他身上，光风霁月才是适合他的形容词。

在我们这个神奇的部门，日常的工作除了干活、干活，就是围观膜拜严学长、给学长送膝盖,大家都无比和谐、一致地团结在主要领导人身边,自然做什么都十分和谐。

"学长,你怎么这么厉害啊!"我怀疑他最常听到的话就是这句。

严路每次都摇摇头,红着脸说:"我也没什么特殊的,你们别这样……"

我一直觉得这是因为他格外谦虚才会这样,直到临近毕业欢送他的时候,第一次看到他喝醉了,我才发现,好像严路的确是这么看待自己的。

他似乎总觉得,自己不够好、自己不够努力,所以不断地强迫自己变得更好,并且在内心深处总在否定自己,对自己毫无信心。

"我就是个混蛋而已,根本没有什么好的……"这是他在半迷离的状态下,暴露出来的本来面目。

2

"学长,你还记得昨天你说了什么吗?"在他喝醉的第二天,我忍不住问他。

他听到了,停下了手中的动作,顿了顿才回答:"嗯,还记得……临毕业还是晚节不保,终于出丑了。"说着,他就苦笑起来。

他跟我解释道:"可能是有些话压在心里太难受了,昨天才会突然爆发。我真的没有你们想象得那么好,有些事你们并不了解……"

学长松了一口气,挺了挺脊梁,好像能从中得到什么勇气,然后给我讲了关于他的故事。

"我在上高中的时候,是老师眼里最头疼的角色。脾气倔强,不服管教,仗着有几分小聪明,从不把别人认真的事放在心上。"严路说。

他说的这个人,跟现在的自己毫无相似之处。

那时候的严路总是活得肆意妄为,好像认为听从老师、家长的话是一种对青春的亵渎,因此把放肆当个性,把破坏规则当生活准绳,就像很多那个年纪的调皮男生一样,活在叛逆里。

"我最讨厌的就是我父亲。我认为,他是封建大家长式的人物,在家里向来不允许别人忤逆他,教育我的最大目的就是让我成为一个像他一样的成功人士,不能给这位大教授丢脸。至于我是怎么想的,谁在乎呢?"严路有点伤感地说,"我觉得他是在牺牲我,成就他自己的完美人生。"

因此,严路总爱跟父亲反着来。高中的时候,因为他越来越频繁地逃课,父亲干脆将他送进了寄宿学校。说起这段经历,严路到现在也忍不住倒吸一口凉气:"你根本没法想象这样的生活是怎么过的。个人卫生整理不好,要抱着被子在操场跑圈，男女生之间多说几句话，都要被约来父母三方会谈。生活在这种压抑的环境里，就像在坐牢。"

所以，严路开始了自己的反抗。他和同宿舍的好友总喜欢约在一起，偷偷从门禁森严的学校中逃出，去附近的网吧"休闲"一番。我恍然大悟，怪不得现在严路偶尔玩游戏，看起来也总是一副很熟练的样子。

我还以为他连玩游戏也比别人有天赋呢，原来过去也是练过的。

"学校的保安查得严，我们就晚上偷偷从宿舍里跑出去。晚上封宿舍楼怎么办呢？没事，我们俩就翻阳台下去。"严路说。

"不是吧？我记得学长你说，你们住在三楼啊！"我听了整个人都有点惊讶，三楼的高度并不算矮，难道就这样直接翻下去？

"现在想起来，就算从二楼下去也太危险了。可是当时就是胆大妄为。"严路苦笑了一声，沉默了。

年少轻狂，将生命看得那么轻，最终还是受到了不可挽回的教训。在快要高考的时候，严路和好友又一次翻墙出去玩。

"他先翻了出去，我正在阳台上背包，就没有回头。等我回头看，他的身影已经消失了，就躺在楼下的地上，昏迷不醒，人事不知。"严路说起这段记忆的时候，还是忍不住双手颤抖。

看着好友从自己的眼前跌下去,严路一下子软倒在地,然后拼命地跑下楼,拍着大门呼喊保安。大家发现了他的好友,尽管他后来脱离了生命危险,却双腿瘫痪了。

"我不记得当时是怎么度过那段日子的了。"严路说。

学校里一片混乱,警察、双方家长、老师等,齐聚一堂。两个一起犯错的男孩,因为其中一个躺在医院昏迷不醒,就只有另一个人承受所有的责难。他一个人坐在角落里,目光茫然而无助。

好友的母亲像是疯了一样,想冲上来打他,被旁边的老师拦住了。他能理解,谁让别人的孩子变成了这样,而自己还毫发无损呢?虽然他并没做错什么,但是这种情况下,他做什么都是错的。

"当时,是怎么处理的?"我问。

"我记得,我爸来了。"

3

那个将自己的名声看得无比重要,一辈子从来不肯低头,为此受了多少不公也甘之如饴的男人,第一次在别人面前如此谦卑。

严路看着父亲从门外风尘仆仆地走进来,脚步急匆匆的，一向稳重的人竟然没看到门槛，还趔趄了一下。一同前来的母亲拉住了他，焦急地左看右看，生怕他也有什么事，而他的父亲，则上下端详了他一番后，狠狠给了他一巴掌。

"他打了我一巴掌，我当时整个人都蒙了。不过我觉得挨这一下很值，我当时本就恨不得自己去死。"严路说。

挨巴掌的时候，心里是特别平静的。可是看到父亲下一秒的举动，他却控制不住流下了眼泪。

大概是打得太用力，父亲的手还哆嗦着，转身退了两步，面对着痛苦的好友父母，深深地鞠了一躬。

"对不起，我儿子伤害了你们，是我这个做父亲的不称职，没有教好他。对不起了！"父亲一边说，一边哽咽了起来，弯下去的腰久久没有挺直。

"他那么爱惜羽毛，从来没有像那天一样，这么狼狈不堪、这么低三下四，亲口承认自己的教育是失误的，承认自己的失败。"严路说，"我从没见到过那种场面……"

他印象里最深的，就是父亲低头的时候，露出的一缕黑白掺杂的头发。他想，本来就年纪不小的父亲，原来不知道从何时起已经变老了。

对方家长沉默了，然后哭着摆了摆手，他们大概也从这个狼狈的父亲身上看到了自己的影子，发现他们没有什么资格谴责对面的那个孩子。错了的人，都受到了自己的惩罚。

回去的路上，一家人都没有说话。父亲再没有动手，走路的速度却越来越慢,最终脚步蹒跚起来。他深深地叹了口气,说:"对不起,是我逼你太紧了。那些话,也是我的心里话,我并不是个成功的父亲……"

严路在这一刻,福至心灵般地体会到了父亲的那种挫败感。

4

"那一年高考我最终错过了,幸运的是,受伤的朋友在医院里坚持复健,下肢好像有了感觉,病情略有起色。然后,我就转校复读了一年。"严路说。

复读的一年里,他因为备受打击而变得沉默寡言,在学校里很少和别人交流,只是埋头学习。虽然,他脑子里好像也不知道学了些什么,但是不这样,心里就像是空了一块。

"我好像再没有退路了,再没有不努力的理由。我愧对了太多人,背负着这样的责任,也要拼命向前。"他说。

不了解前因后果的同学都说,复读班里这个男生一定是个学霸,只是不小心与心仪的学校擦肩而过,才咬牙来重修。

一年的时间很快就过去了,他以不错的成绩毕业,开始犹豫选择什么样的大学。

"我以为父亲会给我提议,因为他以前一直坚持,要让我去他的母校学习,去哪个学院、哪个专业,都替我代劳、选择好了。"严路说。

可是这一次,父亲没有多说什么。自从上回的事情发生后,他仿佛一夜间老了很多,挺直的脊梁弯了下来,再也不像过去那么坚定、顽固。

他只是说:"你已经大了,要学会自己选择。只是,你一定要做好为自己的选择而承担责任的准备。"

严路抱着一本厚厚的报名书,在屋子里研究了三天,然后选择了当初父亲替他看好的学校、建议的专业。

"虽然我刻意想避开这个选择,想向他证明我是有主见的、我是正确的,可是越了解就越不能否认,他替我选择的道路是正确的。"严路说。

"其实,最了解你的还是父母啊!他们虽然不说,却是世界上最懂你的人。"我说。

就像严路的父亲一样,虽然他的爱从来没有说出口,却一直默默地关注着儿子的内心。他知道自己的孩子想要什么,也知道他应该为此付出些什么,所以强迫着他一步一步地向前。虽然方法不对,但是他对严路的了解,比严路自己都要深。

"原来我也是那种嘴上说着叛逆,骨子里却是最传统不过的人。"严路总结道。

做了和父亲一样的选择,他好像一夕之间就长大了,真正明白了那些严苛背后的爱和担忧。父亲知道后,并没有多说什么,只是简单地点了点头。但是母亲告诉他,那几天晚上父亲很晚都没睡,一直拿着报考指南书,一边圈点一边记录,每次都看到深夜。

他们两个其实很像,只是都不愿意向对方低头。

"我妈说这话的时候,他就坐在不远处看电视。我看着他,突然发现他又老了,白头发像霜花一样星星点点,背也佝偻了,一个人坐在沙发上,看起来甚至有点孤独、有点可怜。我想,他很快就会成为一个普通的老头了,我为什么要跟他置气呢?"

5

后来,严路就来到了这里上大学。他养成了一个奇怪的习惯,每次回家的时候都会悄悄观察父亲的白头发,总想从中看出些什么。

"怎么,从白头发里看出爱吗?"我实在没法想象,原来严路温和的背后是这样一副调皮的形象。

"我也不知道,只是每次看到白发变多了,我的心里就会很紧张,就会有必须努力、必须成长的紧迫感。"他说。

可能是真切地感受到父亲老了,所以想要快点长成能为他们遮风挡雨的大树。父亲的威严在渐渐增多的白发里变少了,但是严路却一天比一天更敬重他,并在莫名的鞭策下,不敢停步地让自己做到更好。

"我怎么做都是不够的,所以我不觉得自己已经很好了。"

总有一天,我们的父亲都会老去,白发将会如霜,覆盖在你我的心上。此时,你也会产生这样的感受吗?

3. 累了吗？别怕，咱们回家

1

刚毕业的时候，我曾经在某个不知名银行中有过短暂的工作经历，现在回想起来，那时候的人和事有很多都已经忘记，唯有一个女人还让我记忆犹新。

她叫罗丹，是银行里的业务经理，明明是比我大不了几岁的年龄，但工作经验十分丰富。作为这个小分行中不可或缺的业务骨干，她总是显得那么雷厉风行，处处透着一副大女人的气质，仿佛秉持着"活着就是为了让别人自惭形秽"的信念而生活。

但是每到快下班的时候，她的画风总是会变得格外地与众不同。别人忙着收拾办公桌准备回家，只有她会从容地掏出手机，走到偏僻无人的地方开始打电话。一开始我并没觉得有什么不对，以为她有一个十分贴心的男朋友，准备来接她下班，为此还开玩笑地打趣了一次。

没想到罗丹听到之后，却哭笑不得地摇了摇头，说："什么呀，跟我打电话的那个人是我妈！"

旁边的同事告诉了我，我才知道，原来她每天都要跟自己母亲打电话。我还记得第一次听到时心里产生的震惊，毕竟，一个看起来这么成熟干练的女人，却每天都像乖宝宝一样跟妈妈按时汇报行程，实在是有点儿让人难以置信。

我终于忍不住，在某一天的中午找机会询问了她。

"姐，为什么你每天都要跟你妈妈打电话呢？我跟我妈好像就没有这么多话要说。"我装作漫不经心的样子说。

罗丹斜觑了我一眼，大方地笑着："我知道你也觉得这事儿很奇怪吧，不少人都这么问过我。不过，为什么每天给自己的母亲打电话，会是一件奇怪的事呢？"

我被她问住了，好像不知道从何时起，变得成熟独立跟脱离父母画上了等号，表现则是跟父母越来越少的交流。给最亲密的人每天打一个电话，本来不是什么问题，但是放在看似成熟的成年人与自己的父母身上，似乎就显得格外违和。

好像成长，就必须得与父母渐行渐远。

她还是认真地想了想我的话,斟酌着说:"好像也没有什么特殊的原因,就只是一种习惯而已。原本,我也是没有这个习惯的。"

"那是从什么时候开始突然变了呢?"

2

"我刚开始工作的时候,也很少给母亲打电话,有时候一个月都打不上一次。你知道的,做我这个工作其实很忙,尤其是刚走入工作岗位,什么都要学、什么都要做,每天空闲的时间只想闭着眼睡觉,连吃饭都想不起来,更何况跟父母打电话了。所以那时候,我从来不主动联系我妈。"罗丹回忆道。

我想起自己现在的状态,似乎也是如此。别说每天打电话了,就连回到家也跟父母没有几句话,因为实在是太忙、太累了。

更何况罗丹的父母远在外地,更找不到机会跟自己的女儿交流。

"那时候,我妈每次在我工作的时候打电话来,我总是很粗暴地回应她,要不就短暂地说上几句,很快就挂掉。"罗丹说。

为了不影响女儿工作,也为了能在她不忙的时候多跟她说几句话，罗丹的妈妈就仔细地记录下了每次给罗丹打电话的时间。之后，则专门挑着她不忙的时候联系。

罗丹能发现这一点，还是因为在有一次电话中，母亲无意中透露的。当时她说："妈，我发现你这几次打电话都刚好赶上我不忙的时候，咱俩这是心有灵犀啊！"

"不是心有灵犀，是你妈妈早有准备！我记得你什么时候忙，哪敢在那时候打扰你啊！"母亲说。

罗丹才发现，母亲在给她打电话联系这件小小的事上，似乎显得格外小心翼翼。跟自己的子女联络都如此小心，让她一下子为母亲感到委屈起来。

所以她开始主动给母亲打电话。再忙也不能一直工作，只要少几分钟看剧、刷微博的时间，就能满足母亲的这个小小愿望，她还是做得到的。

"其实，我还真不知道跟她说些什么。就是问问他们的身体好不好，说说我生活中的烦心事。刚好那时候刚工作，烦恼的事也比较多，我就挑着把一些告诉了她。"罗丹说。

每次说起工作很忙、很累的时候，母亲那边都有些心疼，然后劝她道："没关系，你努力去做了就行。要是觉得累了，就回家，还有爸妈在呢！"

罗丹总觉得母亲的安慰没什么用，虽然心里还是很温暖。进入社会、开始工作，她就明白了什么时候可以任性、什么时候不可以，母亲说得虽然很简单，但是她却永远不可能当真的。

"可是她是当真的啊!"我说,"妈妈都是这样的,看到你吃苦受罪,就忍不住想把你保护在羽翼下。"

哪怕她的孩子已经长大,个头甚至比她都强壮,再也无法被柔弱的怀抱所遮盖,只能暴露在外面沐浴风雨。哪怕如此,母亲也会努力地伸展双臂,想尽量替孩子承担风雨。

3

"我也发现了,我虽然没有把这句话当真,我妈却是当真的。"罗丹说。

那是她第一次独立做项目,因为没有经验,最后还是搞砸了。经理当着众人的面批评了她,发了狠话说:"想做就好好做,不想做你就辞职,没人拦着你!"

看着自己认真辛苦了大半月的成果,被别人这么评价,罗丹心里又委屈又难过。回到家,她终于忍不住哭起来。

就在这时候,母亲的电话响了。一接通,还是那个有些忐忑的声音:"丹丹,你不忙吧?妈妈想你啦!"

听到这话,憋了一下午的眼泪像是终于受到了地心引力的作用,抑制不住地流了下来。罗丹一开口,就难免带了哭腔:"妈……"

她真委屈啊,真想回家。

那边的母亲一下子焦急起来,好像突然站起来带倒了椅子,发出哐当的声音。

"你怎么了啊?有什么事跟妈妈说。"

罗丹就抽抽噎噎地将这件事告诉了母亲。母亲先是比她更加生气地数落了一番经理,让罗丹都忍不住想为经理说话了,又话音一转开始劝她。

"丹丹,你刚工作还有很多不明白的,你得多想想,这件事你做得有什么不足的地方……"在母亲温柔的引导中,罗丹坐在床上进行了一次深刻的反省和思考。这一刻,时间好像回到了多年以前,与无数个母亲教导她成长、教导她做人的场景重合了。

罗丹感到豁然开朗,觉得母亲的确是她最好的老师。

没想到母亲还有最后一句,说:"妈妈还是那句话,你能做到就去做,累了也不要怕,回家就好,啊!"

罗丹照例开心地应了,什么也没说。没想到三天后,母亲就给她来了一个"惊喜"。

"什么?你们都到火车站了?怎么不提前告诉我啊!"罗丹接到父母来看她、已经到了火车站的消息时,整个人都晕乎了。

"我没想到,我爸竟然把年假全请了,和我妈一起来看我。"罗丹说,"当时又感动,又觉得他俩实在是能折腾。"

但是一起回到家,终于吃上好久没有尝到的、有母亲味道的饭菜时,罗丹心里就只剩下满满的感动了。她知道,父母这是担心她才会来,也是在用行动告诉她,他们永远都会是她的后盾。

"我相信,就算你当时放弃了工作,真的觉得累了,想回家,你爸爸妈妈也会欣然同意的。"我羡慕地说。

"对啊,他们那么支持我……"罗丹说,"爸妈来的时候,我才知道,我妈随时准备着带我回去,只要我说一句话,她能二话不说带我走,连离职手续都交给我爸去办。"

事实上,在罗丹和母亲打完那通电话后,母亲就有了这种想法。电话里有理有据地劝着自己的女儿,是理智占据上风;一挂了电话,便是感性的世界,让她片刻都不想等待,想去接回受了委屈的女儿。

所以他们来了。

4

"我真羡慕你啊,有这么好的父母。"听完这些事,我说。

罗丹却摇摇头:"你不用羡慕我什么,我相信你遇到这些事的时候,你的父母也会这么做的。你还没有遇到这些,只能说很幸运啊!"

我想了想,也的确如此。正因为这样,我从来不敢把工作上的挫折告诉母亲,不然她一定会整天魂不守舍,连饭都忘了吃地牵挂我,然后在我回家之后小心翼翼,忍着不去问东问西。

她们对我们,总是很温柔的。

大概是因此,罗丹想对自己的父母更温柔一下吧!

"我明白了,就是从那以后,你越来越多地给他们打电话了吧?"我说。

罗丹承认了这一点,说:"其实也不是刻意的,只是从那以后,我越来越多地想跟他们倾诉,想跟他们聊天,想让他们知道我过得很好,也想知道他们生活中的事情。本来他们就是我最亲密的人,打一通电话实在是再简单不过了。"

只是在别人眼里显得有些奇怪,对于罗丹而言,这些都是顺理成章的。不过从那以后,她就很少再跟父母聊工作上的难处了。

她也学会了报喜不报忧,懂得了这背后隐藏着的,来自子女的温柔。

"别怕,累了就回家。"你是否也听到过这样的话呢?是不是也有父母在家里守候着、等待着你?如果有,也请对他们好一些吧!

愿岁月如水,对他们温柔以待。

4. 最不后悔爱你，也最怕不够爱你

1

前阵子同学聚会，很多好久不见的朋友凑在一起，场面十分热闹。中途不知道是谁，提起来要玩真心话大冒险，虽然这个游戏在过去的几年中已经成为了"无下限"的代名词，大家还是一致通过了这个提议。

看来，我的这群同学内心还是那么放荡不羁。

几轮下来，正好轮到我的同桌蒋坤鹏接受惩罚。他想也不想，毫不犹豫地选择了真心话。

大家一听，都发出泄气的哀叹。因为给蒋坤鹏出题的人，刚好是我们班公认的老好人，想来也知道不会问出什么

劲爆的内容了。

果然，那家伙吭哧了半天，想出一个相对安全的问题："如果让你说一个最不后悔爱过的女人，你觉得是谁？"

"这个问题其实有点意思哈！你看，对面陆倩眼睛都亮了。"我的好友在一旁窃窃私语道。

陆倩当然会眼睛一亮，她肯定最关心这个问题，谁让她是蒋坤鹏的前女友呢？我在旁边好整以暇地看着，想知道蒋坤鹏会回答什么。可惜，她要失望了，因为……

"一个最不后悔爱的女人，当然是——我妈。"蒋坤鹏淡定地说。

旁边传来大声的起哄："这不算，换一个！你这是投机取巧。"

不过作为比较了解他的人，我倒是觉得这个答案发自真心，蒋坤鹏对自己的母亲真的很好。

好到什么程度呢？我们几个私下谈论起来，常常嘲笑他是名副其实的"护妈宝"，一把年纪了还是妈妈身边的小宝宝，恨不得把老妈的话当作圣旨。

"那个困扰无数男同胞的绝世难题——老妈和老婆同时掉河里先救哪一个，在蒋坤鹏同志这里完全不是问题，不用问，他肯定先救妈！"一个朋友曾经这样调侃。

"可不，人家是'护妈宝'啊！"另一个边看着蒋坤鹏，边开玩笑地说。

他淡定地喝一口茶,回击道:"作为儿子护着我妈,有错?"

好像的确没错。虽然"妈宝"这个词,被众多适龄女青年挂在嘴边,如临大敌似的厌恶着,生怕找到这么个对妈妈千依百顺的对象,但是仔细想起来,每个正直善良、受人青睐的男同胞身上,都或多或少会有"妈宝"的倾向。关爱自己的妈妈胜过关爱没见过几次的相亲对象,这本来就是情理之中的事情,说难听一些,不付出就想凭空掉馅饼,那叫作梦。

只可惜,将爱情理想化的姑娘们,在恋爱上总抱着这种侥幸心态,什么都不想付出,却想让对方抛弃全世界、把一切献给自己。这样想之前,你也得先过了他老妈那一关才行啊!

护着父母,本来就理所应当。

不过,能像蒋坤鹏这样把"妈宝"当得理直气壮的男生,我还是第一次见。

2

"你还记得咱们高中的时候,在超市见到蒋坤鹏那回吗?"思绪被牵回现实,旁边的好友好像也被大家的起哄感染了,突然想起来一件陈年旧事。

"你是说，他陪着他老妈逛超市那一回吗？"我说。

那都是很多年前的事情了，但是这份记忆还被我们放在心里，大概是因为惊讶所以难忘吧！

那应该是一个周五，眼看下课后时间还早，我们几个约好一起去逛超市。以逛超市作为休闲的学生大概很少，所以偌大的超市里也只能看到几个同龄人，剩下的都是下班的家庭主妇、退休的老头老太。

就在闲逛的时候，旁边的朋友突然推了推我，说："你看前边，那不是蒋坤鹏吗？"

我抬头一看，果然是他，他正背着书包，推着车子在超市中缓缓行走，车子里堆满了各种生活用品、蔬菜水果。

"看不出来啊，蒋坤鹏还这么居家，竟然还负责采购……"旁边的声音渐渐变小了，因为我们都注意到他身边还有一个人。

跟蒋坤鹏高大的个头比起来，旁边的人显得十分瘦小，混在一群中年妇女中也不显眼，所以被我们忽略了。仔细观察才发现，蒋坤鹏就是在旁边等她。

"那是他妈妈吧？"我想了想，说。

蒋坤鹏的妈妈看起来特别温柔，哪怕是购物，脸上也带着亲和力十足的笑容，一边挑着架子上的货物，一边回头跟儿子交流几句。

隔着一个购物车，蒋坤鹏想听到母亲的话似乎有点艰难,他就弯下腰,看起来有些费劲地往前探着身子,凑近母亲身边。

那一刻,我分明从他专注的眼神、小心翼翼的动作里,看到了一个大写的"孝子"!

旁边的朋友显然也是这么认为的,她说:"天啊,现在这个年纪的男生逛超市帮家里买东西都少见,更别提跟老妈一起逛超市了,蒋坤鹏可真是……"

我们也不知道该说什么,只是莫名地突然有些羡慕他的妈妈。甚至,哪怕还远远不到结婚的年纪,我都开始想象自己将来的孩子,能不能像蒋坤鹏一样贴心孝顺呢?

如果能的话,我一定会感到非常开心吧!

想到这里,我就突然笑了。与其考虑这种没有影子的事,不如多回家孝顺一下我自己的父母呢!

于是,我们聊了两句就准备走了。可是转身的时候,我还是忍不住回头看了一眼,发现蒋妈妈已经挑好了东西,正挽着儿子的手臂,向另一个方向走去。蒋坤鹏特意迈着缓慢的小步,配合着母亲的节奏,在超市里优哉游哉地逛着。

这一刻,好像时间都停止了。

3

"后来我还问过他,他跟我说基本上每周都会跟他妈一起去超市采购。"回过神来，我对朋友说，"这是他们母子俩雷打不动的感情交流方式。"

"一看他就跟妈妈关系特别好。我表弟现在也上高中了，别说跟他妈一起逛超市了，一个月都不见得能聊上几句，让我姨妈愁得不行呢！这么一看，蒋坤鹏多好啊，而且到现在也没有变。"朋友说。

我笑了，突然升起一股好奇，就趁着大家转移注意力的时候，凑到蒋坤鹏身边，问："你跟你妈妈现在感情还是那么好啊！"

他也笑了笑，说："怎么，你也是因为我那个答案来问我的？你应该知道的，我说的是实话。"

"嗯，我知道你很爱她。"

蒋坤鹏歪着脑袋，说："我啊，从来不觉得爱她是丢人的事情，只怕自己不够爱她。"

他轻描淡写地告诉我，年前的时候，蒋妈妈查出来得了乳腺癌。

"那时候我真的很担心，也很后悔，没能多陪陪她。还好，现在她情况已经稳定了。"他说。

从他简单的几句话中，我能想象他当时的心惊胆战。哪怕不怎么关心父母的人，面临这样的噩耗时，心里都会有不可抑制的绝望和痛苦，更何况是一直那么重视家庭的他。

"我生活在一个重组家庭里，在我很小的时候，父母就因为感情破裂离婚了。本来我应该跟着我爸一起生活,但是他不想要我。是我妈一直不肯抛弃我,非要把我带在身边,我才能长成今天的样子。"蒋坤鹏好像格外脆弱,说起了一些过去的事情。

他说的,我也知道一些。那时候的蒋妈妈年轻貌美,再组建一个家庭并不难,前提是不带着幼小的儿子。所以,别人都劝她,让她把蒋坤鹏交给他的爷爷奶奶抚养,自己去寻找幸福。

"他爸爸都不管他,你多尽心就是了,全都扔给你带多不公平啊!"

这样的话,不知道有多少人说过。可是蒋妈妈都没有听,反而咬牙坚持了下来。

三年后,她和蒋坤鹏的继父结婚了。那时候的蒋坤鹏还很小,却已经有着保护妈妈的意识,他知道对方能对自己的母亲好,就欣然接受了。

"只要对她好,我没有什么意见。所以我们家一直很和谐,爸爸没有亲生孩子,我就是他唯一的儿子。"蒋坤鹏说,"我也很孝顺他,但是我知道,不管是生父还是继父,都不能代替我的母亲。如果她去世了,我就失去了最重要的亲人。"

所以得知母亲患病的时候,蒋坤鹏满心都是自责。为什么不能多陪陪母亲一些呢?为什么不能再多爱她一些?哪怕他在我们看来,已经很孝顺了。

我们能付出的爱远不能及父母给予我们的多,所以不管回报多少都感觉不够。对待那个能让自己绝不后悔付出的人,付出多少都不觉得多。

4

"说点轻松的,现在阿姨不是好了吗?以后你就可以好好孝顺她啦!"我说。

蒋坤鹏也点了点头,又转身认真地看着我,说:"你也要好好孝顺你的父母啊,真的。"

我看得出他是在真心地劝告,所以也想到了我的父母。

有多久没跟他们联系了呢?有多久没有跟他们一起出去玩、一起聊天、一起在家里待一下午了呢?好像很久了。久到他们的生活我已经觉得陌生,不知道母亲有了什么新习惯,不知道父亲有了什么新爱好,也不知道他们是不是在我离家的时候,患了什么病、受了什么罪。

每次想到回家看看,首先想到的都是"再等等,忙完这一阵",可是工作永远忙不完,于是只能一推再推。

大概,子欲养而亲不待就是人生中最令人痛悔的事情。可是我们人人都知道这个道理,却人人都在让父母等待着,直到他们等不了的那一天。

为什么不坦荡地去爱他们,用心去回报他们呢?哪怕从现在开始就这么做,恐怕还会觉得自己爱得不够呢!

我突然觉得,是时候了,应该回家了。

5. 爱，是一场背影渐远的修行

1

小时候读朱自清的《背影》，只觉得父爱如山，十分感动。长大之后才感慨，故事里写的都是骗人的。

当然，骗人的不是父爱，而是火车站边的背影。严格的管理制度之下，别说在车站月台边叫卖的商贩，就算是送行的亲属都不一定能进入车站。就算进入了又如何？人潮涌动、摩肩接踵的候车大厅里，别说背影了，旁边的人距离你超过一米，你都能把他弄丢。

所以，想要对亲人的背影来一次长时间、远距离的注视，几乎是不可能完成的任务。

就算真的有这样的背影,也没有慢慢开走的火车能让你来得及消化这份特殊的情感。可能刚看到对方,呼啸的火车就把他的身影模糊了,那份酸涩还没涌起,就消散在心里。

从前慢,现在却快,快得让我们连好好感受一次离情别绪的机会都没有。

"谁说没有的,我就体会过。"对于我突如其来的这番感慨,身边的安娜显然有别的话想说。

我看了她一眼,突然觉得太阳似乎从西边升起了。这个一向没心没肺的姑娘,也曾经体会过这种难以言表的感情吗?

"你还别看我,我真的体会过。"安娜说,"当时我都要哭了。"

安娜说的那个背影,属于她的母亲。

2

别看这个姑娘拥有如此洋气的名字,其实只是沾了姓氏的光。她姓安名娜,单独拆开就会发现,这个名其实土气得不行。可惜与特殊的姓氏一连,就立刻脱胎换骨了。

为此她常常感慨:"谢谢祖宗给了我这个好姓,否则我也没法对自己的名字抱有什么期盼了。"

因为她的父母,都是只有初中文化的农民,取个好名对他们而言,实在是太难了。看看身边这个开朗娇艳的女孩,你很难想象她出生在贫困的陕甘村庄里,同年龄的小学女同学,有一些连义务教育都没上完,就回家种地结婚去了。

"每次回老家,看到她们现在的生活状态,我就觉得十分感激我的父母,感谢他们能让我有受教育的机会。"安娜说。

和很多女孩一样,安娜也有一个小两岁的弟弟。当年父母省吃俭用供她考上了大学,不知道有多少人劝他们:"别让孩子读了,女孩子读到高中就够了,省钱让她弟弟上学吧!"

因为再读书,家里就要负债累累了。

父亲不肯同意,母亲更是拍板说:"我就是这么被耽误了,我不能再让我闺女被耽误!"

她知道,母亲心里一直为当年自己没能继续上学感到遗憾,所以更不愿意让女儿走自己的老路。于是后来,父母卖了自己家的老屋,才刚刚凑够了一万元钱,送她来遥远的东部上学。

"钱很少,要省着花,所以我们买了最便宜的慢车,硬座,坐了整整两天。"安娜说,"我爸本来特别高兴,自己的闺女考上了大学,他激动得好几天没睡,天天筹划着怎么来送我,可是看到硬座票价后,愣是改了主意。"

因为太贵了,他想省下来给女儿买点吃的、用的。所以,陪伴着安娜的只有母亲。

"我们那里的车站还很落后,亲属可以一直送到站台上。我看着爸爸站在那里挥手,心里其实只有对未来的激动。现在想,他当时应该很失落吧!"

失落于,不能亲眼去看看改变女儿命运的地方,到底是什么样子。为此,在之后的日子里他还常常提起,总说:"要在毕业的时候去看一次。"

跟母亲坐了两天慢车来到新的城市,安娜又累又兴奋。两个人扛着沉重的行李进了学校,收拾好一切时已经是傍晚了。

"安娜,你妈妈住在哪里啊?学校有自己的招待所,好像直接去招生处问一下就可以,很合适,不如阿姨就去那里住吧!"舍友走过来,热情地介绍道。

安娜想了想,就跟母亲说:"那好啊,妈,我送你过去吧!"

她问好了地方,把母亲一路送到了校门口,还想再往外走,母亲却阻止了安娜,说:"别送啦,一会儿你自己回去,路上太黑了我不放心,妈自己去就行了。"

安娜想了想,觉得妈妈说得也有道理,加上一心全在憧憬新学校的生活,并没有多想,就回去了。

3

"后来,等我给爸妈打电话的时候,听到我爸的抱怨才知道,我妈根本没去什么招待所。她觉得那里太贵了,就找了一个公共浴池,花了10块钱在里面过了一晚。"安娜说起的时候，还很心酸。

"那里可暖和啦，我还洗了个澡，一点儿都不难受，别听你爸胡说。"母亲的话好像还停留在耳边。

第二天，安娜就要送母亲走了。来的时候，两个人背着、抱着的行李像小山一样，掩盖了下面的身影。走时却两手空空，让安娜一下子发现，母亲似乎那么瘦小，而自己早已经比她高了。

"我看着她走进了检票口，渐渐离开了。我妈老了，从背后看是那么明显。"安娜说。

母亲穿着和周围人截然不同的工装，虽然洗得干净，也掩盖不了这身打扮的老旧。她看起来比身边的同龄人大那么多。而在安娜家的相册里，母亲年轻的时候明明也很美丽，黑黝黝的大眼睛，油光水滑的大辫子，笑起来就像画片上那个年代的电影明星。

她老了，将自己的青春磋磨在了黄土地里，磋磨在了儿女的身上。

"我们总会在某一天突然发现，父母老了。"我说，"这是每个人都会经历的。"

而那一刻，我们总会感到如鲠在喉地难过。

"我突然理解了我妈的执着。如果当年她能读书的话，也许现在就过着像身边那个阿姨一样的生活，虽然也要为柴米油盐而焦虑忧愁，却不必这样拮据，连女儿上学的钱都拿不出来。所以她咬牙也要把我送出去,哪怕亲手把我送到千里之外的地方,在我的视线里离开。"安娜说。

她觉得,那一刻母亲离开的时候,就像暗示着什么,好像代表着母亲从那一刻,渐渐离开了她的人生。

"以后,我再也不能像过去一样陪在他们身边了。我会在陌生的城市里生活、工作、结婚生子,有自己的家庭。条件好的话也许可以把他们接来,但是,再也不是他们身边的那个小女儿了。"

这对一个母亲来说,是多么难以放手的决定啊!但她还是怀着决绝的心情,送走了自己的女儿。

4

"我回去后,哭了很长时间。因为我突然意识到,如果我不努力,未来可能就只有跟父母分离这一条路可走。"安娜说。

她有了一个目标,要在学业完成后,尽快打拼出自己的事业,然后接父母来一起生活。她觉得外面的世界很好,但是不应该自己独享。

"怪不得大学的几年里,你一直都那么努力呢!"我说。

我就是那时候认识她的。她是同级同学眼里的学霸,是学弟学妹心中的传说,是学长学姐口中推翻前浪的后浪。当然,一开始我并不知道这些,因为我们是共同做兼职而认识的。

"实在不能想象,你到底得把自己逼得多紧,才能保证学习、挣钱两不误。"我说。

她只是笑了笑,没有说话。

毕业时,她又一次见到了父母远去的背影。那时她已经找到了第一份工作,在家乡待了没几个月,就要赶往将要在那里奋斗的城市。临行的时候,父母都来送她,这一次他们眼里的喜悦更重了。

没有了欠债的包袱,没有了当初安娜考上大学时的且喜且忧,有的只是纯粹的快乐。那些当初劝着他们不要让孩子上学去的亲戚,现在又真心羡慕着,羡慕他们能有这么出息的女儿。

没有当初的咬牙付出,怎么会有如今的收获呢?

安娜看着父母给自己送别,心里除了忐忑之外,更多的是春风拂面、踌躇满志。她好像已经看到了光明的未来,看到了和父母团聚的时刻。

但是真到了临行的时候,她又有些难过了。看着他们在月台边挥手、迟迟不肯离去的身影,在车渐渐开起来后,越来越小,几乎成了两个黑点。这黑点似的影子,就相互扶持着、笨拙缓慢地挪动着,渐渐走出了安娜的视线。

"我觉得又一次离开他们了,好像离他们更远了。"安娜跟我说。

我叹了口气,不知道该说什么好。是劝她不要伤心,还是感慨这个一向粗心大意的女生难得的敏感呢?最后,也只好说了一句:"父母都是这样的啊!"

都要注视着孩子的背影,看着他们离自己远去。

哪怕现在,安娜已经在这个城市拥有了自己的一席之地,也很快就要和父母团聚,也没有改变她在人生的路上,渐渐远离他们的事实。她总会遇到一个父母眼中的陌生人,组成新的家庭,拥有另外让自己牵肠挂肚的人。

然后,又重复着父辈的行为,亲手将自己的孩子送离身边,看着他远行。这样的生活轨迹,就是一个平凡而完美的圆,在世界的每个角落上演着。

儿女和父母的关系,似乎从孩子还是胎儿的时候就注定了——从出生那一刻开始,我们就将走上一条远离父母的道路。在他们爱的目光中,渐渐学会走路,渐渐爱上外面的世界,渐渐奔跑着,与他们越来越远。

而这就是人生,一场不能倒带的修行。

第五章
命运送我们一刹那的缘分

⋮

我们永远不会记得遇到多少陌生人，却总会有特殊的过路客，在一刹那的缘分中，与我们短暂交汇，留下深刻的印迹。也许你忘记了他们的容颜，但一定能在记忆里找到他们。这些散落天涯的朋友，你们还好吗？

你要让你的付出，
配得上幸福

1. 嘿，我很好，你们好吗？

1

前不久，我的朋友卢霜要搬家，正巧赶上我放假在家，就顺理成章地去帮忙。

在收拾屋子的时候，我意外从床底下的纸盒子里拽出了一打明信片。明信片风格各异，来自世界各地，但却有两个共同点——首先，收件人全部是卢霜；然后，写明信片的字迹都是一样的。

"哇，看我翻到了什么！居然有人给你寄了这么多明信片，还都是一个人寄的！"我惊奇地说，推了推卢霜，"快说，是不是哪里认识的小情人呀！"

明信片的落款处，总是写着简单的两个字母"YX"，如果是朋友，恐怕没必要这么隐晦吧？可若是关系一般，又有谁会在去世界各地旅行的时候，都记得写一封明信片呢？我想，肯定是某个不知名的男生，说不定是卢霜的暗恋者呢！

卢霜看到明信片的时候，也愣了一下，然后小心地拿过去摩挲了半天，说："不是什么小情人，就是一个遇到的朋友，我们才见过几次面而已。"

"见过几次？"我故意加重了这几个字，"才见几次就这么上心啊，你倒是给我介绍一个这样的人啊！"

可能实在是不知道该怎么解释，卢霜干脆给我讲了讲她和这个"YX"的故事，没想到他们之间的关系还真的无关风月。

2

这个署名"YX"的男生，叫殷西，是卢霜大学时候做交换生时偶然认识的人。

"你还记得我在台湾待过一年半吧，当时去那里做交换生。在台湾的一年里，我认识了很多朋友也成长了很多，同样也遇到过前所未有的难题。"她说。

这件事我也还有印象。那是卢霜在台湾交换的第三个月，不知出于什么原因，一大批大陆来台的交换生的银行卡被冻结了。想要解冻银行卡，只能由本人回大陆去办，这显然是没办法做到的。所以，他们只好干熬着等待审核结束，才能正常使用银行卡。

偏偏就在这时候，卢霜的生活费花得差不多了，电脑也意外报废，急需要更换新设备。种种困难积攒到一起，让她那几天格外烦躁。

"那时候也不能用网络支付，我手里只有一点钱，又因为刚到台湾不久不认识什么人，更不好意思跟老师借，就只好省吃俭用。"卢霜回忆道，"有一次去学校附近的超市买东西，我就没有坐公交车，而是凭着记忆直接走过去的。"

去的时候还很顺利，回来的时候却犯了难。卢霜发现自己好像走错了路，一下子迷路了。而且此时天色也阴沉得厉害，显然是要下雨。

"台湾的雨天可不能小看，说不定就是台风天，雨常常下得很大，你一定害怕了吧！"我说，"为什么没听你说过呢？"

卢霜点了点头，说："当时的确特别害怕，也特别恼怒。我觉得所有的麻烦都赶在了一起，好像我过的每一天都寸步难行，那种本来就积攒了很久的哀怨，一下子爆发了。"

她觉得，大概整个台湾都没有比她更狼狈、更麻烦缠身的人了。就连老天爷也欺负她，偏偏在她没钱打车、迷路的时候,来插上一脚。

当时,她就蹲在地上挫败地捂住了脸。

"至于为什么没跟你们说,是因为后来有人帮了我啊!"卢霜说,"我的心态从那时候起,就变了。"

雨果然没一会儿就下了起来,旁边的人们撑伞的撑伞,回家的回家,要不就直接找一家店铺喝下午茶,准备避过这场短暂的暴雨。这时候,还蹲在地上垂头丧气的卢霜,就显得格外明显。

旁边一家咖啡馆的胖老板走出来收牌子,看到了蹲在附近的卢霜。他探头看了一会儿,招手用台湾特有的腔调说:"你在那里做什么啊,快下雨了,进我店里躲一下吧!"

卢霜看到被人发现了,手足无措地站起来,一下子红了脸。也不知道该怎么拒绝,她干脆跟着老板走了进去。

"叔叔,我没钱消费了,我就在这里坐一会儿。"看到老板热情地给她倒了一杯咖啡,卢霜赶紧拒绝道。

旁边正擦盘子的老板娘听到了,笑着说:"不慌的,请你喝的。"

老板听到她的普通话,显得特别好奇,热情地说:"你是附近大学的交换生吧,是大陆那边来的吧?我听你的声音就很像。"

卢霜忐忑地点了点头,她想,老板一家看起来非常热情的样子,应该不是极端地排斥大陆的那种人吧?新闻里那种激进的人总是很多，让她在平时也常常小心翼翼。

没想到老板大手一挥，像找到知音一样跟卢霜滔滔不绝地唠叨起来："……福建漳州你知道吧？那是我的老家哩！我爷爷就是从漳州来的台湾。还有林语堂，林语堂你知道？他还跟我爷爷是老乡呢！"

大概是祖父、父亲的影响，老板一直觉得自己是福建人，哪怕家族在这里延续了三代有余。他说，早些年做生意的时候，他还回过两次漳州，去那里看过他的堂叔祖。虽然在第一次回去之前，他连对方的面都没见过，但是一提起来，老板就显得十分亲切。

他们聊了很多关于台湾、大陆的事情，一些让人心生愉快的事。这样欢快的氛围，让卢霜感到十分放松。她想，自己真的是遇到好人了。

雨快停的时候，老板看了看天色，对卢霜说："我看你们学校还是不近的，你不是迷路了吗？我让我儿子开车送你过去。"一边说，一边招呼着角落里的男生。

卢霜这才发现，原来角落里那个一直看书的、戴着眼镜的沉默男生，是老板的儿子。

看起来可真不像。卢霜想。

那个男生就是殷西，热情好客的咖啡店老板夫妇的儿子。

3

"你遇到的人也太好了吧,我听着都觉得特别温暖。"我说。

卢霜点了点头,非常赞同:"是啊,我也是这么觉得。所以在咖啡店的时候,我的心情一下子变好了。我想,这就是否极泰来吧,倒霉的事情我都遇到过了,这不,老天就送给我主动帮忙的好人。看到老板那么热情又乐观,我的心情也变好了。"

所以,卢霜对没发一言的、老板的儿子殷西,也抱着非常友好的态度。在回去的车上,她发现对方特别寡言少语,就忍不住主动挑起话题:"你也喜欢听他们的歌吗?我也很喜欢。"

她指的是车载电台正在播放的音乐,而她也的确很喜欢这个组合。没想到殷西并没有承认,反而淡淡地说:"那是我爸买的,我也不知道。"

气氛一下子尴尬了,卢霜心想,这个人怎么这么不会说话,简直不像老板的儿子。

所以这一次,他们并没有什么交流。后来,因为总是想再见见那个热情的、喜欢说自己是福建人的老板,卢霜倒是经常去咖啡店坐坐。

她偶尔也会遇到殷西。从老板娘的唠叨里,卢霜似乎明白了殷西那天冷淡的原因，那天他刚收到国外大学的通知，他被心仪的大学拒绝了。

"要我说啊，去台北上大学也挺好的，完全可以等读博士的时候再出国嘛，小霜你说是不是啊！或者申请个什么……交流项目，你看你不就是在大陆上的大学吗，还可以来台湾交流，也是一样的啊！"老板娘絮絮叨叨地，一边亲热地喊着"小霜"，一边还不忘抱怨自己的儿子。

卢霜不知道该说什么，她好像有点明白殷西的失落。因为她不止一次地看到殷西捧着一本环球旅行的书在看，在他的心里，大概出国读书就是完成这个旅行目标的第一步吧！

之所以会这么想，是因为卢霜也是这样的心态。申请来台湾交换，就是想在有生之年能够去走更多的地方，认识更多的人和事。

原来他们就算没有共同喜欢的乐队，也有一个相同的梦想。

所以，在卢霜装作不经意地透露出自己对旅行的爱好后，他们很快就熟悉起来。明明也没见过几面，但是每次见到了，都是两个"发烧友"之间的交流。

殷西很羡慕卢霜，她比自己大不了两岁，却已经走过了大陆很多地方，更是只身一人来到台湾。而他生在台湾，长到这么大才去过一次大陆，还是跟父母回家乡，更别提出国了。

所以能够申请国外的大学，去更远的地方看看，几乎是他当时最大的梦想，然而这个梦想破灭了。

4

"我当时就觉得，应该为他做点什么。因为老板和老板娘人那么好，给了我在台湾最美好的回忆，也因为他和我有相同的理想。"卢霜说。

所以，她打听了台湾很多学校的政策，熬了好几晚做了一个厚厚的报考指南，里面全是关于各个学校出国交换的项目内容。她告诉殷西，即使没机会出国读大学，也一样可以走出第一步。

"只要你一直努力，就算不能出国读书，也能完成自己环游世界的梦想。"卢霜说。

后来，殷西从中找到了一个适合自己的项目，决定去台北了。父母都为他感到高兴，更非常感激卢霜，还想专门请她吃饭，不过被她拒绝了。

"虽然我见到殷西的次数不多，但是我觉得他应该是和我一样的人。所以想帮帮他，并不想要什么回报。"卢霜跟我说。

殷西的大学生活刚过了不到一学期，因为特殊的原因，卢霜不得不回来了。临走的时候，她还专门去咖啡店看望了老板和老板娘，向他们表达了自己的感激。

那天殷西也在，他就站在角落里，等我快要走的时候才走上来，塞给我一份明信片。

那张明信片的背面，是台北最美丽的景色。这是一张来自台北的问候。

殷西跟卢霜交换了地址，说："等我以后实现了到处旅行的愿望，我就给你寄明信片。你也要给我寄啊！"

这样，他们就能在遥远的地方，见证一个同路人追求梦想的过程了。

"这些明信片就是这么来的，看得出来，他的生活过得越来越充实，梦想也在一点点实现。"卢霜说。

我想了想，说道："你也不差啊，怪不得你前些年总是要找机会出去旅行，原来是有个人在跟你'比赛'，不想被他落在后面啊！"

我说完，卢霜就笑了。我也忍不住笑了，为她在短暂的交换学习期间，能够遇到那些热心的好人、收获那些特殊的缘分而笑。

5

不过不知道为什么，最近的一年间，卢霜再没有收到殷西的明信片。

"我也好久没有去旅行了,可能还真是没人比着,就没有动力了。"卢霜自嘲道。

她决定,借着这一次搬家的机会,写一张明信片给殷西。她告诉了对方自己新家的地址,然后问道:"嘿,我现在很好,你们还好吗?不管是追逐梦想的你,还是你热情的爸爸、温柔的妈妈,你们都还好吗?"

大概两个月后,卢霜告诉我,她收到了回信。原来殷西弄丢了她的地址,全凭记忆写了地址,结果错了好几个数字。现在,他们又可以继续通信了。

至于其他的话,他没怎么说,只写了一句话——

我们都很好,希望你也要好好的。

能够和生命旅途中的过客维持着这样不远不近的特殊关系,知道他们过得很好,也是一件让人感到幸福的事情吧!

2. 不期而至的那封信

1

上次回家的时候,舅妈神秘兮兮地拉着我,说要拜托我一件事情。

"你就去问问你表妹,她到底在给谁写信啊!我知道你们关系好,你就装作不经意看到信的样子,问问她,知道吗?"舅妈紧张地说。

原来,那天舅妈给表妹打扫房间的时候,突然看到有一封信掉在了地上。舅妈以为这是哪个朋友给她写的信,就顺手拉开抽屉,要把信放进去。

没想到,这一下舅妈就惊呆了。整个抽屉里,塞满了各种颜色的信封,上面的笔迹都来自同一个人。

"要是你表妹的同学,她为什么不跟我们说呢?每次都非常神秘,要不是我上次发现,都不知道她在跟别人通信。"舅妈纳闷地说。

她怀疑,表妹早恋了。

我却有点儿不相信。别人也就算了,表妹我还是了解的,她冷清得可怕,又相当早熟,同年龄段的男生全都不在她眼里。这样性格的表妹,我觉得舅妈倒是应该担心一下,她以后能不能找得到男朋友。

不过,通信这件事的确很可疑。现在是信息化的时代,还会有谁用信件来交流呢?这一点让我感觉匪夷所思。

于是我还是按照舅妈的指示,前往表妹的屋子里"刺探军情"。

2

好像不小心拉开了桌子,我故作吃惊地说:"宁宁,这都是谁给你写的信啊?你们竟然还用这么传统的方式交流?"

事实上,虽然我早已有心理准备,拉开抽屉的时候还真的稍微吃惊了一下。无他,实在是这些信太多、太花哨了。我想,舅妈担心的问题应该不成立,因为使用这样彩色信封寄信的人，多半是个女孩。

表妹用"姐姐你是白痴吗"的表情看了我一眼，说："姐，是不是我妈让你来问的？"

一下子就被她看穿了，我感到有点心虚，说道："虽然你妈说了这件事，但是我是真的好奇啊！"

她想了想，说："我也不知道是哪个傻子，竟然非要用这么奇怪的方式通信。"

我心里吐槽道，一边说着人家是傻子，一边也用这种方式交流得不亦乐乎，表妹还真是口是心非的傲娇典范。

"那你怎么跟她开始写信的？"我说。

"这事……说起来有点麻烦。"表妹看起来有些苦恼。

原来，表妹一开始还真没有傻乎乎写信的想法。只是作为班里的生活委员，她常常需要去传达室帮同学取信、拿明信片。

那一天，她分发完了手中所有的信件后，看着一封来自邻市的信发了愁。上面写着表妹的学校，写着他们的班级，却有一个陌生的名字。

她想来想去，觉得还是不能把信扔在一边，就楼上楼下各个班级都问了一通，才发现这是写给上一级某个学生的信。

可是，他们已经毕业了，那一届的学长学姐们，现在早就不知道散落在全国的哪个大学中，更不知道他们的联系方式。

那,是不是不用管了呢?表妹思来想去,看着这封精美的、从信封就能看出花了很多工夫准备的信件,还是决定写一封回信。

"我就是一时心软,多管了一次闲事……"表妹跟我说。

"那后来是怎么发展的呢?"一封寄错了的信,怎么会引发这么多的后续,我依然疑惑着。

她把事情的原委写在了信上,然后将它与没拆开的那封寄错的信,一起按原地址寄了回去。之后,表妹就没再管这件事了。

没想到半个月后,又有一封信寄了回来,署名是给表妹班级的生活委员。

"生活委员?那不就是我吗?"她自言自语,谁会搞得这么曲折,给自己寄信呢?

拆开一看,原来是上次寄错地方的那个人写的回信。她说自己叫小维,是上一级学长原来的同学,后来因病休学了两年,搬去了邻市。这一次,她是想给同学送一封生日祝福的信件,没想到在路上耽误了一段时间,正好赶上他们毕业离校。这封信,也就一直攒着直到新学期才被看到。

然后,小维对表妹说:"谢谢你能告诉我这些,不然我还以为他收到了信却没反应呢,那就太尴尬了,谢谢你哦!"

她还随信附赠了小礼物,是个非常可爱的熊猫书签,拉动它的耳朵，熊猫的手臂就会动。

"真是个可爱的姑娘啊，完全看不出来比我大……反正她休学过，现在也应该是我的学妹了。"表妹一边嘟囔着，一边收起了书签。

她没有多想那个姑娘是否对学长有什么不一样的念头，反正她们都没有说，谁也不知道，不是吗？不过想起那个精美的信封，她还是替她感到有点遗憾。大概她实在找不到两个人之间的联系了，才会选择用这么笨拙的方法来送祝福吧！

想着，表妹突然鬼使神差地在班级群里，发了这样一条信息："你们谁知道上一级某学长考去了哪个学校？有联系方式吗？"

等到她发了出去，又后悔了。

"我怎么告诉她啊，总不能再给她寄一封信吧？"

3

表妹说到这里，我已经猜出后面的发展了："不用说，肯定是你问出了学长的联系方式，然后发给了她对不对？然后你们就成了这样特殊的……笔友？"

这可真是名副其实的笔友，不仅不知道对方的身份，连对方的姓名都不清楚，就只是因为一个觉得对方"可爱"，一个觉得对方"热情"，两个人就有了很多奇怪的话说。

表妹说，她也不知道自己为什么会跟对方开始了长期通信，可能是好奇那封迟到的生日祝福有没有送到学长的手中，也可能是跟一个陌生人分享了她的秘密而十分激动，总之，她开始期待每周都会寄来的信。

两个人之间的信，就一连寄了大半年。她知道了，小维最终也没有把迟到的祝福送给学长，但是却将精心准备的那封信，和表妹的信放在了一起，她说："这是我们缘分的开始啊！"

也许正因为相互不认识，才可以畅所欲言，两个没见过面的人就这样成了交浅言深的好友。一开始，她们只是互相分享一些生活的趣事、谈一谈自己喜欢的东西，就像每一对女性朋友在刚认识时一样。渐渐地，她们的话题就开始越来越复杂了。

表妹说着，就给我拆开了一封最近的信，说："姐，我允许你看一看，这样也可以让我妈安心了。"

我看着她这样皇帝似的施舍姿态，一下子笑了，拍了她一下。不过好奇使然，我还是忍不住接过来看了看这封信的内容。

刚拿过来，我就被上面一张风格独特的"图画"吸引了，然后忍不住扑哧笑了出来。我看到了什么？信上竟然画着数学几何题的模型，旁边还写着密密麻麻的解题思路。

"你们俩这是在学习吗？"我忍不住笑了。

"她虽然休学了两年,但是高中的课一直在自学,所以基础特别好,我就让她帮我讲讲数学。"表妹说,"偶尔我也给她讲讲英语,不过大多数时间还是当她的垃圾桶。"

"垃圾桶?"

"心灵垃圾桶啊!她好像压力很大,因为自己比别人多荒废了两年,所以她对高三有特别大的恐惧,我每次都要劝她。"表妹一边看似嫌弃地说着,一边又忍不住强调了一下自己的作用。果然,她还是很关心这个笔友的,不然根本不会这样浪费口舌。

我点了点头,说:"你们这样就挺好的。"

挺好的,因为一封不期而遇的来信牵连起的特殊友谊,能够起到这样良好的影响,实在是很不容易。在茫茫人海中,有多少人能有机会因为一封寄错的信,而和陌生人有着这样的牵绊,甚至成为对方重要的存在呢?太少了。

所以,这真的很值得珍惜啊!

4

出了表妹的屋子,我就看到舅妈在外面装作看电视,实则频频瞟来的眼神。我笑着走到她身边,拍了拍她说:"舅妈你放心吧,她没有早恋。"

"那,那些信?"舅妈显然松了一口气,不过还是跟我一样,显得十分好奇。

"应该,是她的辅导老师吧,神秘的辅导老师。"我笑了笑,"剩下的就别问我啦,你直接去问表妹就好。"

也不知道舅妈是怎么想的,她突然也笑了,然后点点头说:"好了,我懂了,我不问了!"

舅妈,你真的懂了吗?

后续如何,我就不太清楚了。不过看到表妹常常放在桌子上的信封,我觉得她应该还和对方有持续的联系。

那年夏天,表妹毕业了,以一个很不错的成绩。差点儿忘了说,她的数学考得格外的好。我想这背后,应该也有小维的功劳吧!

表妹告诉我,她第一时间就给小维写了信,告诉她这个好消息,然后写道:"你看,作为你的徒弟我都出师了,你还有什么可害怕的呢?勇敢一点,加油!"

然后,小维的回信显然十分雀跃,甚至比表妹更高兴。她一方面为自己的朋友有了好的结果而开心,一方面也升起了前所未有的勇气与自信——原来我也不差,只是缺少一点儿信心而已。

她们将智慧、勇气送给了彼此,能够遇到对方,实在是最大的幸运啊!而这一切,都来源于静静躺在桌子里的,那封不期而遇的信件。

你是否也曾遇到过,这样突然闯进你生命中的人呢?

3. 他们不懂，那是你我的心照不宣

1

"你们听说了吗，路百川在斯坦福读完博士，可能会回国呢！"一次普通的下午茶时间，我们几个朋友凑在一起，不知怎么的就讨论起了路百川。

这个名字好像有点陌生，我已经忘记是谁了。

看着我一脸的呆滞，对面的友人伸手狠狠地顶了一下我的额头，说："笨，路百川就是跟茜茜关系不一般的那个同学啊！"

哦，是他啊，就是那个以学霸闻名全校的家伙。

旁边的茜茜一口茶喷了出来，一边擦桌子一边说："别胡扯，什么叫跟我关系不一般啊？你又不是不知道，我一共

就跟他说了两回话而已！"

我们都不约而同地撇了撇嘴，是啊，一共就只说过两回话，可是两个人都能准确地认出对方、说出对方的近况，要说他们没有暗中关注对方，我才不信呢！

"就是这种明明应该很一般，却偏偏看起来很特殊的关系，我们才会说不一般啊！"我说，"不过，你跟路百川到底是怎么回事呢？好像瞒着我们有什么特殊的交往似的，完全不像才聊过两回的同学。"

而且还不是同班，而是隔了一整栋楼的同级校友。这句话我并没有说出口。

"可能……就是惺惺相惜的关系吧！"茜茜想了想，有点惆怅地说。

那可能是同类之间才会有的惺惺相惜，是对手才会有的互相珍视。这个特殊的磁场，让他们能在还不认识的时候，就互相了解得好像多年的朋友，也能在见过一次面后，将彼此记住多年。

这种两人之间心照不宣的特殊缘分，不是每个人都会有的，也不是外人能理解的。我想，至少我就没有遇到过。

2

"我不是说只跟他说过两回话吗？第一回，就是在咱们学校举行的综合能力比赛上。"茜茜说。

这个听起来十分山寨的比赛，是我们学校的传统项目，用学长的话说，就是志在评选出"学霸中的学霸"，难度堪比某答题挑战类节目，极其考验智商和知识库。

比赛分别是笔试和团队面试，茜茜就是在团队面试中和路百川分到了一组。不过在这之前，他们彼此可能都听过对方的名字了。

"哦，就是隔壁院那个死胖子？"茜茜当时的态度是这样的。其实，人家也只是微胖而已，可惜她好像印象很差。

至于路百川是如何评价茜茜的，我们就不知道了，难道是"那个死面瘫四眼妹"？我想应该不会，因为茜茜口中的路百川，实在是个骨子里温文尔雅的绅士。

哪怕胖，也掩盖不了这份独特的气质。

"我记得当时刚刷掉了一半的人，大家都紧张又激动，分组的时候整个礼堂全是唧唧喳喳的声音，吵得我烦不胜烦。然后，我就被分到了路百川边上。"茜茜说。

走过去的时候她还想，自己的搭档竟然是个胖子，看起来实在很影响心情。没办法，她似乎对胖子抱着天然的敌意，我认为很有可能是因为她曾胖过的原因。

"你坐在这里吗？"看到茜茜走过去，路百川抬头看了一眼，温和地笑着。

一边说，他就一边站了起来。

"我当时想,难道他要给我让座?旁边全是空椅子他看不见啊!还是他占了我的位置?"茜茜感到非常不可思议,直到对方的下一个动作才打断了她的畅想。

路百川极其自然地伸手从旁边抽出了一把椅子,然后又坐了下来。原来他是在给女士搬椅子。

"动作行云流水,就算是个胖子,也掩盖不了他绅士的本质啊!"茜茜一下子就被吸引了,她觉得对方就像民国电视剧里大上海的少爷一样,彬彬有礼,行为斯文。

当然,我们不确定这是不是她对路百川进行了美化。不过每一个接触过路百川的人,都觉得他的确有很强的个人魅力。

茜茜和路百川分在了一组,比赛的时候,两个人配合非常默契。明明是第一次见面,就在上台之前还没能在分工、战术之类的问题上达成一致,但是一旦站在比赛场上,他们俩就表现出了异乎寻常的默契。

下台的时候,路百川和茜茜互相对视了一眼,都点了点头,笑了。

从那个时候起,他们就发现对方和自己是同类人。

人生难得一知己,若能与知己相逢,千杯不觉多矣。

3

"所以我常常关注他,看到他发展好了,我就会很开心,就好像我自己也做到了一样。他应该也是这种心情吧!"茜茜说,"因为我们太相似了,他就像男版的我一样。"

所以,茜茜后来常常提起路百川这个名字。说他好像减肥了,变瘦了很多,说他比原来更努力了,连舍友都被他的拼命吓到。

我们都明白,路百川虽然在学校这个环境中是当之无愧的学霸,但是普天之下人才何其多呢?硬要拿出去比一比,他可能天分不如别人、运气不如别人,甚至连努力也不如别人。前两者已经无法改变,就只能从后者下手了。

路百川意识到这一点,开始向着自己的目标努力,拼命地学习、搞研究,在学霸通往学神的道路上渐行渐远。

茜茜在提起他之后,也常常沉默一会儿。

"因为想到他,又想到我,忍不住就失望了。明明就在不久前,我们还是势均力敌的'知己',但是他却选择了一条和我不同的道路。他越来越上进,而我却越来越放松自己。"茜茜说,"透过他,我好像看到了如果我能努力,可以到达什么样的高度。可是我终究又不是他,这样的落差让我心里很难接受。"

于是茜茜越来越少提到路百川了。大家也渐渐忘了,原来还有一个女生,曾经能和路百川齐名,都是当之无愧的精英。

他们终究选择了不同的道路,渐行渐远,一个声名鹊起,一个归于平凡。

"后来就是第二次见面了,我在一次活动上见到了路百川。"茜茜回忆着那时候的场景。

当时她正好坐在路百川旁边,两个人只隔着一条过道。她发现对方变化真的很大,瘦了、精神了,看起来更加有气质了。她既为对方现在的成就感到欣喜,甚至有一种隐隐的与有荣焉,也为自己感到失落。

大概是茜茜的目光太过复杂,路百川也转过头来,一下子看到了她。

"是你?好久没有看到你了啊!"路百川有些惊喜,"你最近都在忙什么?"

茜茜觉得有些不好意思:"没忙什么,就是瞎玩……跟你完全不能比啦!"

"怎么会呢?我觉得你很好啊,很厉害,我相信你做什么都能做得很好的。"路百川说。

也许他只是在客套一下吧,但是那一刻,茜茜突然产生了一种浓重的心虚。因为她根本没有做到那么好,别说跟路百川相比,就算跟那些以前不如自己的、被自己甩在后面的同学比起来,也有些距离了。

这些年里,她已经离那个和自己惺惺相惜的人,越来越远了。

她被甩在了后面。

这一次见面,两个人只是随便匆匆聊了几句,就很快分开了。等到走了,茜茜才后知后觉地想到,路百川是怎么一下子认出自己的呢?

明明只见过一次,如果不是暗中总是关注路百川,她也早把对方忘了。可是路百川却还记得她,甚至一下子就认出了,还能说出一些跟她有关的事情……

是不是意味着,他也在关注自己呢?

4

"从那以后,我就又有了强烈的紧张感和急迫感。一想到我认定的对手超过自己那么多,而且他还可能一直关注着我,我就非常不爽!所以,我又开始拼命了一把。"茜茜说。

这个我还是记得的,因为她的这次"逆袭"可是惊呆了很多人,让大家不禁感叹:"学霸就是学霸,就算打了个盹儿,照样能赶超你。"

但是他们不知道,茜茜在这样的赶超背后付出了多少。她熬夜补课学习,每天都比前一天更努力,就是为了弥补那些过去浪费的时间,想要再登上曾经的位置,去看看路百川所看的风景。

"当然,他也在努力,甚至顺利出国去了名校,我好像怎么也追不上了。"茜茜说,"可是,我一点儿都不觉得沮丧,因为我的生活态度是积极的,我有信心,他能做到的,我将来也能做到。"

　　她终于重拾了曾经的信心，又变回了过去的自己。改变她的不是她的父母，也不是我们这些朋友，而是一个只见过两次面的、比陌生人稍好一些的校友。

　　这大概就是他们之间，心照不宣的特殊关系吧！

4. 愿你在的地方，也能四季如春

1

我常常想，生活在这个国家的我们是很幸运的。因为不是在哪一个国家，你都能欣赏到千里雪飘的北国风光与四季如春的南国花语。

有些人一辈子没有离开过北方，从没体会过冬天也能穿短袖是什么感受；有些人最大的愿望，就是能看一场真正的大雪，在雪地里和朋友打一次雪仗。而最有趣的是，这些人都生活在同一个国家，甚至有可能在相同的时刻产生这样截然不同的感慨。

我认识的姑娘中，就有一个哈尔滨的妹子对南方十分向往。她叫齐冬雪,出生的那天正好是那一年最大一场雪降临的日子。大雪整整一个冬天都没有化开,她就有了这个名字。

可是,齐冬雪自己却并不喜欢雪,她喜欢温暖的南方。哈尔滨的冬天很冷,虽然在屋子里也堪称"温暖如春",但是室外却是一个被冻住的城市,在一片冰天雪地中寂寥地安静着。每当这时候,她就想去南方感受一下那里的冬天。

这个从小就有的愿望,却因为父母的忙碌而不能完成。

"爸妈的工作都很忙,好不容易能放假在家,还没歇几天就过年了。所以,我从来都没机会实现自己的愿望。"在一次聊天的时候,她这样遗憾地对我说。

这样一直忍耐着,直到大学毕业的时候,她才终于征得了父母的同意,一个人在冬天背着包前往了广州。

"离开的时候我还在想,要不要在羽绒服里直接套短袖呢?这样下车的时候,只要脱了外套就能适应当地的气候了。"齐冬雪这样描述,自己都忍不住笑了,"谁知道到了地方才发现,广州的冬天也没有我想象的那么暖和。"

不过,那里的冬天虽然没有夏天那么热,却也格外舒适了。齐冬雪还是第一次近距离感受梦中的冬天,整整激动了好几天。

"那几天我根本没有到处游览,就是在宾馆附近的街道上逛来逛去,看花看喷泉,看周围各种各样的小吃街。即便这样,我也非常满足了,因为能生活在这样的环境里,呼吸着根本不会让嗓子刺痛的空气，是多么幸福啊！"齐冬雪说。

可是，当她真正想开启广州之行的时候，却发现出现了点儿问题。

"我能猜到是什么问题，你跟我一样，不都是路痴吗？"我说，"我还纳闷呢，你怎么一个人出门还这么轻松，原来是一开始没有发现这个问题啊！"

齐冬雪赶紧重重地点了点头，无奈地皱着眉说："对啊，当我发现自己根本没法逛完广州，更因为听不懂粤语总是出现误会的时候，整个人都要崩溃了。"

没办法，她只好找到了旅行社，想要请一个当地导游，否则她就要回家了。

2

旅行社给她介绍的导游是个年轻的男生，他们说："这样会比较有共同语言。"齐冬雪知道对方是广州本地人，假期闲来无事出来兼职赚点外快，就放心了一些。

"学生嘛，应该比较好相处吧！"她告诉我，当时就是这么想的。

果然，这个叫冉阳的男生彬彬有礼，普通话也说得很好。听他无意透露出来的一点信息，齐冬雪发现他还就读名校，整体素质很高。两个人之间的沟通，的确十分顺利。

"我发现他一点儿都没有当地导游的自知之明,从来不带我去各种买东西的地方,每次都让我自己挑想去哪里。"齐冬雪说。

不仅如此,冉阳还是个十分"毒舌"的男生,每当齐冬雪看上什么价格很贵而没有价值的纪念品时,他就会在旁边毫不留情地批判,比如"这都是骗你们游客的,淘宝上一百块钱能买一打,不要买""这个特别难吃,小时候我吃过一口现在想到都难受"……冉阳带着她逛了好几天,齐冬雪发现自己买的东西比平时还少。

"我好像雇了一个妈,天天监视我,不让我乱花钱。"她无奈地说。

但是这样的冉阳却让她觉得很贴心、很可爱,就像一个尽地主之谊招待宾客的朋友一样,让人可以很愉快地相处。

"你们都去了什么地方?"我问。

齐冬雪想了想,列举了几个地点:"广州市图书馆、中山大学、中山陵……"

"等等,你确定他没有带你去接受爱国主义教育?为什么选的地方都像是学校活动才去的?"我一下子暴露了自己毫无上进心的本质。

"谁说的,这些地方都很好啊,建筑很美,历史人文气息也相当浓厚……"她就这样巴拉巴拉数落了我将近半个小时。

看来,他们的确是志同道合的游客与导游,连喜好都差不多,也怪不得双方相处下来如此融洽了。

冉阳还带着齐冬雪品尝了广州真正地道的美食与小吃,带着她去了很多游客都找不到的地方,让这趟旅行有了更加珍贵的纪念意义。

"我可是按照一个广州人的生活方式在旅行,去的是正宗广州人喜欢去的地方哦,跟一般的外地游客可不一样。"她这样跟我炫耀。

好吧,我知道,谁让你遇到了这么一个特殊的导游,别人都没遇到呢?

3

"你知道吗,冉阳知道我是哈尔滨人的时候,特别惊讶,眼睛一下子就亮了。"齐冬雪又好笑又无奈地说,"原来他从来没有看过雪,最大的愿望就是去哈尔滨看雪、看冰雕,虽然我完全不知道那些东西有什么好看的。"

冉阳难得激动地拉着齐冬雪问东问西,了解了很多关于哈尔滨的事情。她这才知道,这个男生在这方面有着与自己截然不同的理想。

"要是我们能换一换就好了。"她开玩笑地说。

不过这两人的理想,也可以说是相同的。他们都想去自己不了解的地方,感受截然不同的生活方式。

看到冉阳这么喜欢哈尔滨和雪,齐冬雪突然想送他一点儿什么,以感谢他在这段日子以来的照顾。于是临走的时候,她要了冉阳的地址和联系方式,对他说:"我想送给你一点你可能会喜欢的礼物。另外,如果你要来哈尔滨玩儿的话,来找我就可以了。"

冉阳有点意外,愣了愣然后笑了,说:"那好啊,你也留下你的地址和电话吧!"

"我留地址干什么?"齐冬雪想,我又不用你送我什么,该买的我都买了啊!

"礼尚往来嘛,不能只有我给你地址不是吗?"冉阳并没有直说,而是开玩笑似的带了过去。

然后,齐冬雪就结束了这段短暂而美好的旅程。回到家,她买了一个小小的冰雕,裹严实后按照地址寄了出去。为了防止雪在路上化掉,她还准备了好几个冰袋,把周围塞得严严实实。

"那是一个圆滚滚的雪人,冉阳不是想看冰雕、想看雪人吗?提前送他一个,让他高兴一下,也算是我给他的纪念品了吧!"齐冬雪说。

她想用这样的方式,支持这个男生特殊的愿望。

然后齐冬雪又说:"没想到我的礼物还没寄到,他的礼物就寄来了。"

那是一束用特殊方式处理过、永远不会枯萎的木棉花。

木棉花是广州的象征,送来这样一束花,意义与齐冬雪的礼物一模一样。

木棉花里夹着一张卡片,上面写着:"愿你所在的城市,也可以四季如春,百花常放。"

"那束木棉花还放在你家里吗?"我很好奇。

"当然了,就放在我的书桌上。它永远不会枯萎,是真正的四季如春。"齐冬雪说。

4

静静绽放在桌上的木棉花,好像将时间永远停留在了盛开的那一刻。而看着它的人,不管在何时都能体会到一股温暖,好像能闻到一缕清香。那是来自远方,来自春天的问候。

而齐冬雪的冰雕,也可能正躺在冉阳家的冰箱里,成为他收到的第一份,来自北国的礼物。

我很感慨,这样一次平凡的相遇,带给他们的却是不一样的缘分。有了彼此的祝福,就像那句歌词描述的一样,"你在南方的艳阳里大雪纷飞,我在北方的寒夜里四季如春",当然,这是令人欢欣的纷飞大雪,是令人满足的如春季节。

后来,在齐冬雪给我发来的照片里,我好像看到了穿着厚重外套的冉阳。

"难道他真的去哈尔滨了?"我问。

"当然啦!他来的时候,正好下雪,是哈尔滨在欢迎他呢!你是不知道,他当时表现得有多傻,一下子欢呼着冲进了雪堆里……"齐冬雪的声音传了过来。

听得出,他们都很高兴,这就好。谁能想到,这一切不过始于一次旅行的邂逅呢?

我不知道齐冬雪和冉阳还有没有再联络,但是我相信,他们一定会成为对方记忆里特殊的角色,伴着北方的大雪,伴着南方的鲜花。

5. 关于我可能喜欢过你,并不是错觉

1

三天前,我和几个朋友一起参加了一项志愿者活动,去敬老院做了几天义工。回来之后,我就发现其中一个姑娘有些不对劲。

"林楚,你到底是怎么了,这几天都魂不守舍的?"我忍不住问她。

"我……我觉得自己可能是失恋了。"她郁闷地抬了抬头,看起来心情有点儿不好。

"失恋?"我更是觉得一头雾水,明明上个星期,她还跟我说自己想要一个男朋友的,怎么现在又失恋了?"你有

男朋友让你失恋吗?"

"我是在一天之内,暗恋、失恋了。"林楚的话一出,我立刻忍不住笑了,看到她狠狠地瞪着我,才赶紧收敛了一下。

可是,这样的描述实在是太有意思了,一天之内暗恋失恋轮着来,难道她的恋爱也开始讲究效率了吗?

看到我完全不信的样子,林楚一下子着急了,说:"我真没跟你开玩笑,我绝对失恋了!"

"好吧,那你就给我说说你是怎么失恋的吧……"

"就是前几天我们一起去做义工……"林楚开始回想。

"不是吧,是做义工那天认识的?可是,我们去的是敬老院啊,里面可都是爷爷辈的……呜呜,你干吗捂着我的嘴!"我被突然发力的林楚吓了一跳。

"当然不是爷爷了,你这样我还怎么说啊!我说的是跟我们一起去的一个小哥,就是穿着黑衣服、浓眉大眼那个!"

我仔细想了想,才想起林楚说的那个人。嗯,长得不错,个头挺高,看起来很靠谱……可是再怎么靠谱,也没到一见钟情、再见相思、不见难受的地步吧?

"那是因为你没有发现他的特殊之处!"林楚用一句话总结了我的看法。

2

那个和我们一起做义工的小哥来自另一个区,虽然他年纪不大,却是资历很老的志愿者了,活跃在这个城市的角落里,默默地奉献了很多年。

听到这里,我也十分敬佩。

就像那句话——做好事不难,难的是一辈子做好事。做义工最难的就是坚持,志愿者的团队总是更新换代很快,正是因为很少有人能坚持下来。而他好像还是个少年的时候就在坚持做这些,这让人不得不感动。

"他叫薛城,好像经常去咱们那天去的敬老院。你没发现吗?那些老人对他都很熟悉,有的还叫他'小城',一看就是常年去的。"林楚说。

经常去做志愿服务的薛城并不像很多人一样,热衷于宣传自己的劳动,热衷于在义工服务时拍照、录像,生怕别人不知道自己为社会做了什么贡献。他一直都很低调,如果不是林楚特意关注,恐怕谁也不知道他曾经有过这么多的付出。

"我听一个奶奶说,有一年春节,敬老院里的张爷爷不小心摔断了腿,疼得都晕过去了。可是那几天一大半护工都回家过年了,敬老院里除了老就是弱,救护车进不了门,谁也抬不动张爷爷。"林楚回忆着。

当时，来送年礼的薛城刚好赶上这一幕。他一看到，二话不说就小心地背起了张爷爷，不仅把人送到了医院，还在那里陪了整整两天。

"这件小事让我觉得，他不仅特别低调，也特别有爱心。"林楚说，"所以我就申请了和他一组。"

一开始了解这些，只是为了判断一下寻找哪个搭档比较好。可后来，这都成了林楚喜欢对方的理由。

其实，哪有这么多理由，真正喜欢上他，只需要一秒钟的时间。

"肯定是他的哪个细节打动了你吧？嗯？"我问。

"对啊，我好像在那一瞬间心跳都变了，感觉一下子就觉得喜欢上他了。"林楚说。

那是两个人在帮瘫痪老人清理床褥时发生的事。老人家常年卧床，大小便无法控制，床铺显得也有些污秽。本来这种事不用义工来帮忙，但是那天刚好有护工请假，作为义工中的"老人"，薛城就主动揽下了这个活儿。

当时的林楚是怎么想的呢？应该是"真倒霉，竟然让这家伙连累了"的心情吧！虽然她的确想为老人做点儿什么，但作为一个女生，还是不可避免地对这种工作产生了排斥。

就在林楚一边做心理准备，一边伸手去掀褥子的时候，耳边突然传来了一个低沉的声音："你是女孩子，就别管这些了，去那边擦地吧！"

"他的声音真好听,嗓音低沉又有磁性,是我最喜欢的那种。"喜欢一个人,除了喜欢他的品行,也肯定会考虑到外在,而薛城刚好有一副好嗓子,让林楚一下子注意到了。

她忍不住在擦地的时候,偷偷观察薛城。她发现,薛城的手也特别漂亮,细长又灵活,白中泛红,十分健康。但就是这样一双可以让女生羞愧的手,正在毫无顾忌地整理着有些污秽的床。一些人哪怕能做到,在做之前也要犹豫一下,可是薛城的动作却没有丝毫停顿,就像他面前不是病人的床,而是自己正在处理的艺术品。

"他不像别人一样,不像我一样,表面说要付出,还是控制不住地嫌弃。他很尊重地对待那些老人,很平常地做这些事情,就像对待自己的亲人一样。"林楚说。

这一刻,她分明感到自己胸腔里的心脏跳动得快了,好像在宣告着,她刚刚对别人心动了。

3

"我也怀疑,喜欢他来得这么突然,是不是一种错觉呢?"林楚跟我说,"可是我很快就反应过来,哪有什么错觉。只要你曾经在某个时刻,对这个人动心过,哪怕你的情绪只被他牵动了几秒,哪怕你的心动维持不到下一个小时,只要存在过,就是喜欢过了。"

所以，她在当时的确是喜欢上了薛城的。

午餐的时候，她就借着同一组的机会，悄悄凑近了薛城，开始不着痕迹地缠着他问东问西。

薛城脾气很好，林楚跟他说话几乎有问必答。于是林楚发现，这个沉默的男生内心就像她猜测的一样柔软，喜欢打球，喜欢看书，还喜欢在下午的时候发呆。敬老院的一只猫看到他坐在那里，还专门凑过来求抚摸，据护工阿姨说，这只猫特别受薛城宠爱，他常常趁人不注意的时候偷偷喂它。

"男孩子啊，就是太害羞了，喂猫还要躲着我们，其实我们都知道啦！"护工阿姨善意地取笑着他。林楚看到，他的耳朵悄悄地红了，看起来特别羞涩。

这让林楚看到后，又莫名地有些心跳加速。

"对了，你为什么能坚持做义工这么多年呢？我觉得一般人是很难坚持的。"为了缓解薛城的羞涩，她赶紧找了个正经的话题。

"为什么啊？"薛城的注意力果然被带走了，"也没有原因。从一开始做了，就坚持下来了。"

他们聊了很多。林楚发现，薛城是个特别执着的男生，他很简单，只要开始做一件事，就很少中途放弃。坚持对别人可能不容易，对他来说却是最正常的。

"我最开始选择来敬老院，也是为了回报别人。"他说完，转头看着林楚，"你一定不能体会我的意思吧！"

他说，在几年前的一个冬天，他患有老年痴呆的爷爷曾经走丢过一次。从小区的监控中看，尽管那天外面天气很冷，但爷爷只穿着一双拖鞋，步履蹒跚地从小区里走了出去。因为路上没有人经过，谁也没发现他的异常。

父母都疯了似的寻找着爷爷，可一天过去了，谁也没有找到他，只知道老人从小区走出后，就往东边走了。

就在他们快绝望的时候，一个中年妇女带着爷爷敲响了他的家门。

"请问，是你们家走丢了老人吗？"这个阿姨看起来有点局促，不好意思地搓着手，小心地说，"下午有个老人在我家门口睡着了，我就让他进屋吃了饭，休息了一会儿。还没来得及报警呢，就听说你们家好像有人走失了。"

一家人欣喜若狂地迎接了他们进门，连连感谢了这个热心的阿姨。薛城的父亲想拿些钱表达自己的感谢，她却拒绝了。

"我也没做什么，是不能收这个钱的，你们就留着多做好事吧！"她说完，不顾挽留地转身走了。后来他们才知道，这个阿姨的母亲也曾经患过老年痴呆，大概是感同身受，让她对待这样的老人格外热心。

"如果她当时不是接纳了我爷爷，而是赶他走，也许现在我们就再也见不到他了，所以我很感谢这个阿姨。她帮了我们，给我们一家带来了希望，我也可以去做这样的角色，去帮别人啊！"

说这话的时候,薛城带着一股理所当然的语气,眼睛亮亮地看着远处,好像闪着星星一样。这让林楚更喜欢他了。

4

"既然他这么好,你干脆以后也常去做义工啊!不仅能做好事,说不定还能拐个男朋友回来,多好呢?"我说,"干吗非要觉得自己失恋了啊!"

能把这样一次邂逅发展成长期的感情,也是一件非常浪漫的事情。

"我也想过啊……可是,可是走的时候,我看到他的女朋友了……"林楚一下子郁闷起来。

"噗!"我嘴里的茶一下子喷了出来,在林楚杀人的目光中赶紧擦了擦,"天啊,你这是……这也太倒霉了……"

想着,我自己忍不住幸灾乐祸了一下。好不容易喜欢上了一个人,还没捂热乎这种心情呢,先当头来了一盆凉水,这可一点都不好受啊!

"唉,所以啊,我估计我们是没有缘分了……"林楚说。

"那你……还喜欢他?"我问,既然没有发展的可能,又只见过一次,她应该不会喜欢这个人了吧?

"我现在还喜欢。"她却没有否认,"不过现在的喜欢,是希望他能寻找到自己幸福的喜欢。他那么好,值得一个好女孩去爱护。"

能够有这样的心情,她也是一个柔软的人啊!只可惜,他们彼此那么好,缘分却注定那么浅。

那就各自在这个城市的不同角落,自己幸福着吧!他不知道她的喜欢,她也不知道他过着怎样的生活,这份缘分,大概只会终止在见面的这一天。

但是这种喜欢的心情,却是真切地曾经存在过的,不是错觉。